中国城市规划设计研究院学术研究成果 中国城市规划设计研究院资助出版

《城市居住区规划设计标准》解读

Interpretation of
《Standard for urban residential area planning and design》

鹿勤 蒋朝晖 魏维 编著

中国建筑工业出版社

编写委员会

主　　编： 鹿　勤　蒋朝晖　魏　维

副 主 编： 付冬楠　魏　钢　顾宗培

技术指导： 朱子瑜　陈振羽　刘燕辉　陈一峰　于一凡

参编人员： 袁　璐　刘　超　詹柏楠　李　铭　贾淑颖　管　京　赵　希　李雪菲　任希岩　陈应梦

序言

序一

《城市居住区规划设计规范》是我国颁布实施最早、使用普及率最高的规划设计类国家标准之一。第一版《城市居住区规划设计规范》（以下简称《规范》）研编于20世纪80年代后期，于1994年施行，当时正值我国住宅严重短缺亟需大规模建设的历史时期。该规范的颁布施行，保障了我国城市居民基本的居住生活条件和环境，为经济、合理、有效地使用土地和空间，规范居住区规划设计发挥了重要的作用。

今天的中国，经济社会发展已发生巨大变化，人民生活水平大幅提升，基层社会管理体系逐渐成熟，同时人口老龄化也进入加速期，我国社会主要矛盾已经转化为人民日益增长的美好生活需要和不平衡、不充分的发展之间的矛盾，住房建设与发展已从严重短缺向提高品质转型。为落实国家新时代的发展理念和惠民要求，编制组从2015年起开始开展《规范》修订前期的研究准备，开展了大量的实地调研并收集问题，先后设立了十余个专题研究，寻找解决问题的方案，为全面修订工作提供了很好的技术支撑。

新版《城市居住区规划设计标准》（以下简称《标准》）的颁布实施，正值我国改革开放40年、住房体制全面改革20年之际，意义重大。

这次修订工作是全面而深入的，体现了不同历史时期规划标准应承担的不同使命和责任，《标准》无论是篇章结构，还是具体条文，与过去相比都做了全新的改变，既是落实中央精神、顺应时代发展、呼应百姓诉求的结果，也是遵循客观发展规律、践行以人为本理念的自然体现。在这个社会转型的关键时期，《标准》要面对二十多年来《规范》的惯性思维，也要秉持打破桎梏、提升品质、追求实操的创新思维。因此，如何让广大专业群体以及人民群众都能够更准确、更深入地理解《标准》的技术内容、了解条文及其指标背后落实的发展理念和技术追求是非常重要的。出版一本图文并茂、清晰易懂的图解，借助更多的视觉表达来传递《标准》的内涵与目标是个不错的途径。

这本《〈城市居住区规划设计标准〉解读》把标准编制工作中大量的研究性支撑内容以及标准实施后遇到的典型问题也一并呈现给读者，无疑是一本生动、全面、具有较强可读性和设计感的工具书，是编者为促进全社会积极参与居住区规划建设，共同维护居住环境、创建美好家园的又一份贡献。

王静霞

中国城市规划设计研究院 原院长

国务院 原参事

国务院参事室 原特约研究员

序二

标准是经济社会发展的基础性制度建设，是国家治理体系和治理能力现代化的重要体现。纵观历史，在我国城乡规划建设和管理领域，每一部规范和标准的制定都无不留下时代的烙印。

四十年前，由同济大学、重庆建筑工程学院、武汉建筑材料工业学院三院校合作编写的高等学校城市规划专业教学用书——《城市规划原理》指出："不同的社会形态与社会构成条件，有着不同的生活居住内容与方式。城市生活居住作为一种生活方式，是受社会的、自然的、物质的、文化的综合因素所制约。一个城市生活居住状况，往往反映出一个国家或地区的社会体制、文明程度和物质生活的水平，也反映出城乡差别的一个方面。……"

从计划经济到有中国特色的社会主义市场经济，这本教材中关于城市生活居住的基本理念和原则，一直伴随着我国城乡规划建设事业的成长。回想1978年的情景，全国城市人均住房的建筑面积仅为6.7m^2，折合人均居住面积约4m^2。从那时起，工业化和城镇化不断提速，大规模住房建设与城镇人口增长同步跃进。到新中国成立70周年时，全国城镇人均住房建筑面积已达40m^2左右。

自1994年施行的第一版《城市居住区规划设计规范》（以下简称《规范》）问世以来，有关居住区规划设计的内容与要求随着居民住房条件的改善与时俱进，包括居住区的人口规模、空间布局、建筑密度、绿化环卫、气候条件、日照标准以及各类工程性基础设施和社会性服务设施的分级配置。为促进社区的健康成长，还要处理好每个居住区与其周边地段的关系，完善分级道路网的组织，发展公共交通和公园绿地系统。

2018年版《城市居住区规划设计标准》（以下简称《标准》）将“居住生活环境宜居适度”作为开宗明义的第一项原则，在广泛调研的基础上对《规范》进行了全面修订。《标准》综合城市新区建设与旧区改造的多方面需求，第一次提出以“生活圈”取代原有的“居住区、居住小区、居住组团”分级模式，通过“十五分钟、十分钟、五分钟三个生活圈和一个居住街坊”，形成基层公共服务配置基本单元。这一创新性思路，有助于居住区规划与基层社会治理单元的对接，以及居住区配套设施的实施落地。

现今，一些在发展中不断增长的需求，如机动车停放、垃圾分类收集、多层住宅加装电梯、网络环境建设，以及城市更新、老年人照护、物业管理、多样化特色等，相继成为居住区规划设计关注的焦点。正如习近平主席所说：人民对美好生活的向往，就是我们的奋斗目标。

在此，祝贺《〈城市居住区规划设计标准〉解读》（以下简称《解读》）的编辑出版，相信这本内容丰富、图文并茂的《解读》将有助于读者对《标准》的进一步理解和推广应用。

以上是我的几点浅识，谨记于此，愿与同道共勉，是为序。

毛其智

清华大学建筑学院教授

国际欧亚科学院中国科学中心城市科学学部主任

住房和城乡建设部城乡建设专项规划标准化技术委员会副主任

前言

城市中大约三分之一的建设用地是用于居住的，这些包含了住宅建筑、生活服务配套设施、公共绿地和道路的生活空间，就是我们每个人每天都会进出的那些大大小小、规模不同、风格各异的城市居住区，而居民为满足日常生活需求走出家门的足迹，圈定了我们生活圈居住区的空间范围。科学规划建设城市居住区，从居民生活视角出发，为居民提供完善、便利、高效服务的配套设施，塑造安全、高质量、高品质的居住环境，让人民生活更安全、更便利、更舒适、更健康是新时代城市规划建设发展的基本。

《城市居住区规划设计标准》GB 50180-2018（以下简称《标准》）是依据《中华人民共和国城乡规划法》等法律法规制定的国家标准，主要适用于城市规划的编制以及城市居住区的规划设计；是规范城市居住区规划建设工作，更好支撑城市精细化设计与管理的重要技术支撑；也是合理利用土地和空间、优化居住环境、保障生活品质，引导居住区科学规划、合理开发建设、健康发展的重要技术手段。

《标准》充分体现了国家“以人民为中心”“绿色发展”以及“生活空间宜居适度”等新理念、新要求，为百姓居住生活品质的提升将提供基本保障并发挥积极的促进作用。

居住区规划建设涉及民生保障，国家高度关注。《标准》的制定和修订伴随着我国经济社会的发展，在新中国居住区规划建设实践的基础上，1980 年原国家建委颁发《城市规划定额指标暂行规定》，提出居住区规划的部分定额指标；1993 年国家标准《城市居住区规划设计规范》GB 50180-93（以下简称《规范》）正式颁布实施，2002 年和 2016 年分别进行过两次局部修订。自 2013 年起，编制研究团队从居住区规划建设存在的主要问题入手启动广泛调查与研究工作；2015年，《住房城乡建设部关于印发2015年工程建设标准规范制定、修订计划的通知》（建标2014［189］号）明确要求，对《规范》进行全面修订。编制组成立并对居住区规划建设与社区构建、住区容积率等用地与建筑控制指标、日照标准、社区养老助残及托幼设施、体育活动场地、道路、居住环境等关键技术内容，先后开展了18个专题研究，发现问题、分析技术瓶颈、探索解决方案，扎实的研究基础很好地支撑了《标准》全面修订工作的顺利完成。《标准》于2018年7月颁布，同年12月1日起实施。

为帮助使用者更好理解和使用《标准》，编制组在全国范围开展宣贯活动，并广泛受到好评。本书正是在此基础上进一步整理完成，同时融入了读者关注最多的22个问题。本书分别从编制背景解读、标准条文解读等方面，通过更加清晰易懂的表达方式传递《标准》条文的准确含义，图文并茂，让枯燥的条文变得生动，并将条文背后大量的研究和支撑工作呈现给读者。期待通过本书的出版，让《标准》的使用者能够更好地理解条文的释义，更多了解前因后果与来龙去脉，更好发挥《标准》对城市居住区规划建设管理以及教学等相关工作的正向引导作用。

规划标准具有政策性、导向性、综合性等特点，标准是科学规划和有效管理的技术支撑，但标准不能替代规划方案和规划管理。衷心希望设计者、管理者、建设者、运营维护者和居民，共同携手奋斗，实现塑造美好人居环境的目标。

目录

背景解读 17

I

I

背景解读

背景解读

Background

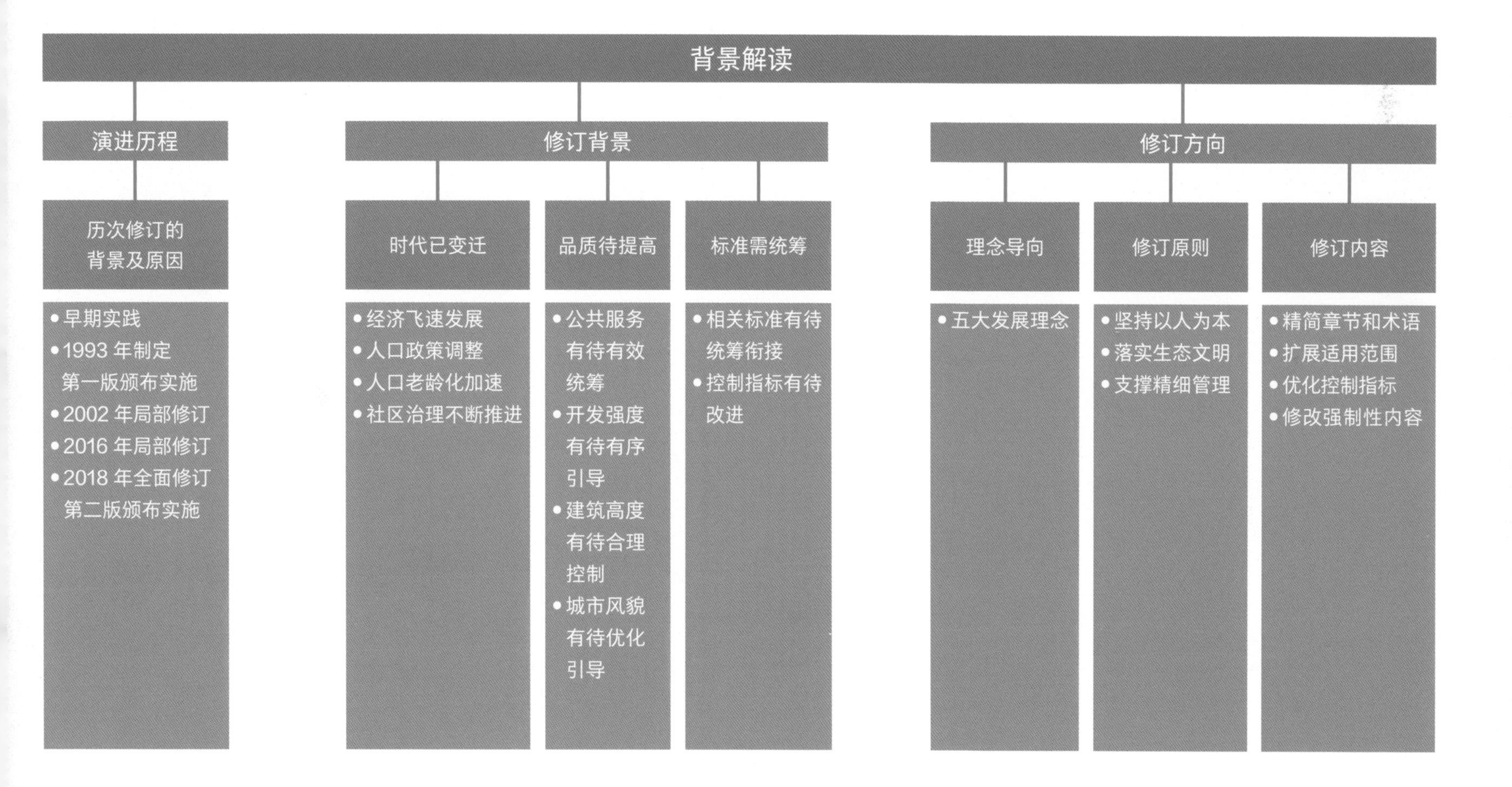

背景解读
演进历程
修订背景
修订方向
历次修订的
背景及原因
时代已变迁
品质待提高
标准需统筹
理念导向
修订原则
修订内容
• 早期实践
• 1993 年制定
第一版颁布实施
• 2002 年局部修订
• 2016 年局部修订
• 2018 年全面修订
第二版颁布实施
• 经济飞速发展
• 人口政策调整
• 人口老龄化加速
• 社区治理不断推进
• 公共服务
有待有效
统筹
• 开发强度
有待有序
引导
• 建筑高度
有待合理
控制
• 城市风貌
有待优化
引导
• 相关标准有待
统筹衔接
• 控制指标有待
改进
• 五大发展理念
• 坚持以人为本
• 落实生态文明
• 支撑精细管理
• 精简章节和术语
• 扩展适用范围
• 优化控制指标
• 修改强制性内容

《城市居住区规划设计规范》GB 50180-93 是我国颁布实施最早、使用普及率最高的城市规划专业强制性国家标准之一，常被政府部门出台相关政策文件所引用，是地方政府制定相关城市规划管理办法、地方标准的基本依据，也是编制控制性详细规划、审查居住区规划设计方案及住宅建设项目设计方案的重要依据，有时也是解决日照标准等民事纠纷问题的技术依据。

与《城市居住区规划设计规范》GB 50180-93 编制及实施的时代相比，今天的中国，经济社会发展已发生巨大变化，人民生活水平大幅提升，基层社会管理体系逐渐成熟，同时，人口老龄化也进入加速期，我国社会主要矛盾已经转化为人民日益增长的美好生活需要和不平衡不充分的发展之间的矛盾，住房建设与发展已从严重短缺向提高品质转型。在此背景下，为落实国家新时代新的发展理念和要求，提高规划标准的政策性、导向性、科学性和可操作性，针对规划建设中存在的实际问题，《城市居住区规划设计规范》GB 50180-93 进行了技术内容的全面修订，形成了《城市居住区规划设计标准》GB 50180-2018，并于 2018 年 7 月 10 日颁布，同年 12 月 1 日起正式实施。

演进历程

历次修订的背景及原因

第一版及其局部修订

早期实践

我国城市居住区（小区）的实践始于 20 世纪 50 年代后期。在借鉴国外有关城市居住区规划建设经验、结合我国城市居住区规划建设有关实践的基础上，1964 年原国家经委和 1980 年原国家建委，先后颁布了有关城市规划的文件，其中对城市居住区规划的部分定额指标进行了规定。

1993 年制定 第一版颁布实施

改革开放以来，特别是 1988 年我国开始试行住房的市场化改革，居住区建设逐渐增多，积累了更多的实践经验，此时，城市居住区规划设计标准的研究编制工作正式启动。1993 年 7 月 16 日，国家标准《城市居住区规划设计规范》GB 50180−93（以下简称《规范》）正式出台，并于 1994 年 2 月 1 日开始实施。《规范》是我国颁布实施最早、使用普及率最高的城市规划专业强制性国家标准之一；常被政府部门出台的相关政策文件所引用，是地方政府制订相关城市规划管理办法、地方标准的基本依据，也是编制控制性详细规划、审查居住区规划设计方案及住宅建设项目设计方案的重要依据，也是解决日照标准等民事纠纷问题的技术依据，为规范我国城市居住区的规划建设发挥了巨大的作用。

2002 年 局部修订

1998 年，我国住房市场化改革进一步深化，住宅市场化发展全面推进，住房实物分配制度正式废止。为适应国家经济社会发展、居民居住水平提高的需求，《规范》进行了局部修订，形成了 2002 年版。主要修订内容包括：增补了老年人设施和停车场（库）等内容，对分级控制规模、指标体系和公共服务设施的部分内容进行了适当调整；对住宅间距日照标准的有关规定进行了调整；与相关标准、规范进一步进行了协调，加强了措辞的严谨性。

2016 年 局部修订

2013 年，为配合海绵城市建设工作，根据《住房和城乡建设部关于请组织开展城市排水相关标准制修订工作的函》（建标标函 2013［46］号）的要求，针对海绵城市建设低影响开发相关内容再次对《规范》2002 年版进行局部修订，形成了 2016 年版。主要修订内容包括：对地下空间使用、绿地与绿化、道路和竖向设计等内容进行了增补和修订。

第二版颁布实施

2018 年全面修订
第二版颁布实施

我国经济社会发展已发生巨大变化，城市化进程不断加快、人民生活水平不断提高，城市居住区的开发方式、开发强度、建设模式、住区形态越来越多元化，居民对居住环境以及对生活的需求越来越多样化，城市社会治理体系与政府管理职能也在向基层深化转移；同时，人口老龄化也进入加速期，我国社会主要矛盾已经转化为人民日益增长的美好生活需要和不平衡不充分的发展之间的矛盾，住房建设与发展已从严重短缺向提高品质转型。在此背景下，《规范》在应用中出现了种种不适应。对此，住房和城乡建设部组织专家对《规范》使用中的问题展开调研，并对其中的重点问题组织启动了专题研究，为全面修订工作进行技术储备。2015 年，住房和城乡建设部《关于印发 2015 年工程建设标准规范制定、修订计划的通知》（建标 2014［189］号）明确要求，对《规范》进行全面修订。

2015 年中央城市工作会议召开，后续出台的《中共中央国务院关于进一步加强城市规划建设管理工作的若干意见》（以下简称《若干意见》）中提出，“把以人为本、尊重自然、传承历史、绿色低碳等理念融入城市规划全过程”“按照促进生产空间集约高效、生活空间宜居适度、生态空间山清水秀的总体要求，形成生产、生活、生态空间的合理结构”。2017 年，党的十九大胜利召开，明确了在发展中保障和改善民生，提出“在发展中补齐民生短板、促进社会公平正义，在幼有所育、学有所教、劳有所得、病有所医、老有所养、住有所居、弱有所扶上不断取得新进展”。实际上对居住区的规划建设提出了更高的要求。

本次修订工作以“居住生活环境宜居适度，科学合理、经济有效地利用土地和空间”为原则，以目标导向和问题导向为基础，充分借鉴和参考国内外有关先进经验和标准，在开展前期研究、大量实地调研、广泛征求意见的基础上，针对实际问题对《规范》进行了技术内容的全面修订，形成了《城市居住区规划设计标准》GB 50180-2018（以下简称《标准》），其名称根据《住房城乡建设部标准定额司关于统一变更工程建设标准特征名的通知》（建标标函［2017］140 号）的要求，将“规范”更名为“标准”。

《标准》颁布于 2018 年 7 月 10 日，同年 12 月 1 日起正式实施。此时正值我国改革开放 40 年、住房体制全面改革 20 年之际，意义重大。

修订背景

时代已变迁

经济飞速发展

改革开放以来，我国城镇化进程不断加快、人民生活水平不断提升，经济的飞速发展带来人均 GDP 的不断提高。2002—2017 年的 15 年间，人均 GDP 从约 1000 美元增长至约 10000 美元，增长了 10 倍。中国将进入质量更高、效益更好、更可持续的发展阶段。

因此，“高质量发展、高品质生活”是我国未来一定时期经济社会转型发展的关键词之一。对城市居住区规划建设而言，更多的将是以人民为中心谋发展，向着更宜居、更可持续的方向转变。

图 1-1　2002—2017 年人均 GDP 变化及其世界排名变化

数据来源：国家统计局 2002 年和 2017 年国民经济和社会发展统计公报，新华网全球人均 GDP 排名，http://www.xinhuanet.com/fortune/2017-04/20/c_129556927.htm

人口政策调整

中国是一个人口大国，人口问题始终是制约我国发展的关键因素之一，未来十几年特别是 2021—2030 年，我国人口发展将进入关键转折期。为适应我国人口发展出现的重大转折性变化，国家于 2016 年 1 月全面放开二孩政策，2021 年 5 月更是放开三孩政策，这将对人口增长和核心家庭结构产生一定的影响，家庭居住需求也会因此有所改变。

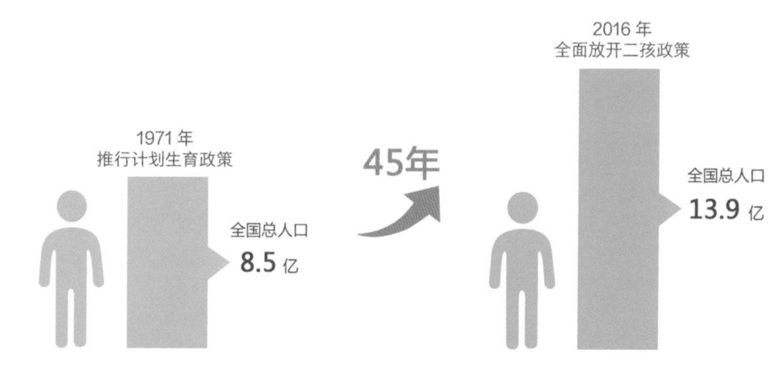

图 1-2　中国人口政策重要转折点

数据来源：国家统计局 2016 年国民经济和社会发展统计公报

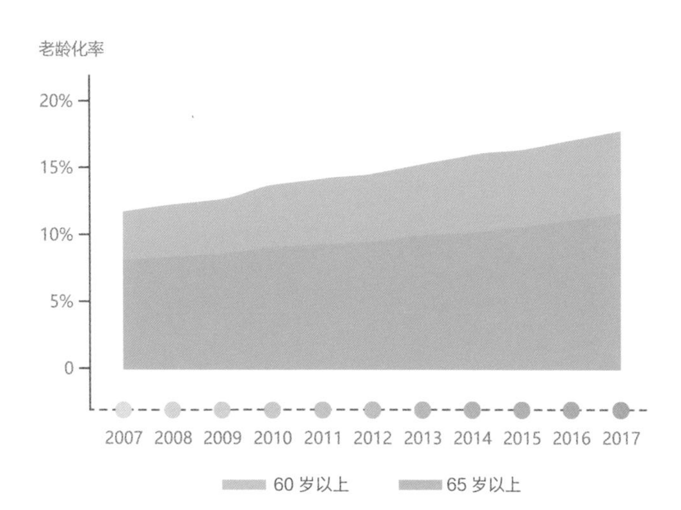

图 1-3　2007—2017 年的老龄化率
数据来源：国家统计局 2007—2017 年国民经济和社会发展统计公报

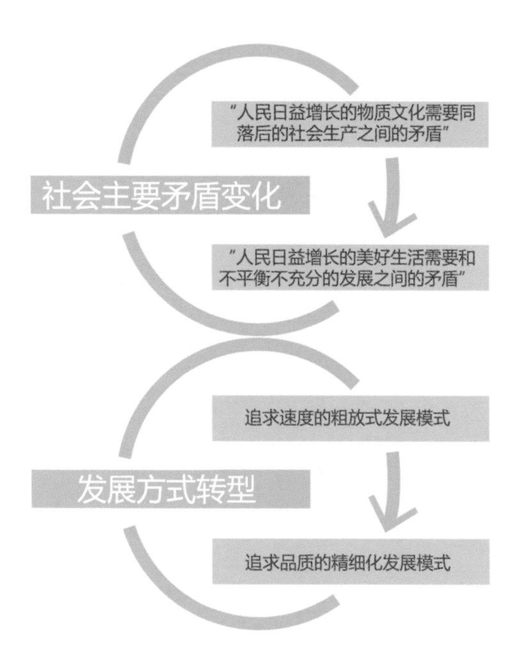

图 1-4　矛盾变化和发展方式转型

人口老龄化加速

中国自 2000 年开始进入老龄化社会。根据《中华人民共和国 2019 年国民经济和社会发展统计公报》，截至 2019 年，我国 60 周岁及以上人口为25388万人，占总人口的 18.1%，其中 65 周岁及以上人口为 17603 万人，占总人口的 12.6%。从目前的趋势来看，未来中国老龄化速度曲线将以较高斜率持续上升。

"十四五"期间，中国或进入中度老龄化社会，2030 年之后，65 岁及以上人口占总人口的比重或超过 20%，届时中国将进入重度老龄化社会，积极应对人口老龄化将是国家长期的一项战略任务。随着人口结构的变化，老年人对物质文化的需求、对居住生活质量的需求是居住区规划建设不容忽视的问题。

社区治理不断推进

社区是城市的基本单元，是实施城市基层管理的治理单元。我国城市社区管理体制已逐步建立并形成了"二级政府、三级管理、四级落实"的政府管理架构，即由市级政府设立社区管理领导机构、区级政府建立社区管理指导机构、街道健全社区协调组织机构、居委会成立社区委员会。2017 年 6 月，中共中央发布《关于加强和完善城乡社区治理的意见》(中发［2017］13 号)，是新中国历史上第一个以党中央、国务院名义出台的关于城乡社区治理的纲领性文件，明确了当前和今后一个时期的社区治理战略重点、主攻方向和推进策略，为开创新形势下城乡社区治理新局面提供了根本依据。该意见提出了补齐社区治理短板的目标，包括改善人居环境、加快社区综合服务设施建设、优化社区资源配置、推进社区减负增效和改进社区物业服务管理。

在新时代新理念的发展背景下，提高发展质量和社会效益，关注生活质量，注重居住环境品质，完善配套设施及提升公共空间的服务效能，强化管理的精细化转变，这对居住区的规划建设也提出新的要求。

修订背景

品质待提高

公共服务有待有效统筹

城市公共服务设施与人民日常生活密切相关，居住区是配置基层公共设施的空间载体。居住区规划建设存在着各级配套设施建设缺乏统筹、布局欠合理，配套设施与配建绿地不足等问题，此外，老旧小区居住环境的更新与改造也是现阶段城市建设面临的主要问题。引导居住区的配套设施合理配置，完善基本公共服务，为居民特别是老年人、儿童提供活动场地及设施，营造全龄友好的居住环境，提高人民群众的生活质量，是居住区规划建设可持续发展的主要目标之一。

图 1-5　住区缺配套

开发强度有待有序引导

由于我国人口数量庞大，解决居住需求是一项长期的重要任务。因此，在城市化提速过程中，特别是近些年，无论是新区建设还是旧城改造，城市居住区存在过高强度开发建设的问题。大面积高强度开发住宅用地，导致人口密度及建筑容量过度集中，对城市消防救灾、交通出行、市政公用设施、应急疏散场所等城市安全运行支撑系统的承载能力，以及居住区配套设施和配建绿地等公共空间的供给，都带来了巨大的压力和挑战，对居民生活环境质量带来负面影响。

在我国城市发展转型的背景下，特别是住房建设从严重短缺到高品质发展转型的关键时期，居住区的规划建设应坚持“生活空间宜居适度”，在综合考虑节约集约利用居住用地的基础上，应更加关注人居环境的安全和宜居，以引导居住区规划建设实现新时代高质量发展、高品质生活的目标要求。

图 1-6　建设强度缺控制

建筑高度有待合理控制

近年来，无论是大城市还是小城市，住宅建筑越建越高，突破百米的超高层住宅逐年增多，甚至住宅用地容积率突破 9.0、高度超过 170m 的住宅也已经出现，对城市消防救援能力以及应急疏散场所提出了严峻的挑战。同时，百米高层住宅配建别墅的现象也屡见不鲜，极端的“高低差”无法较好地落实城市设计对城市空间形态的优化引导，甚至导致城市整体空间形态的失控和无序。在高质量发展的转型时期，合理控制住宅建筑高度和住宅用地容积率，改善居住环境质量，引导城市建设围绕优化城市空间设计的方向有序发展，创造安全宜居的生活环境，是居住区规划建设健康发展的方向。

图 1-7　建筑空间形态缺少控制，产生高低配问题

图 1-8　建筑空间形态缺少引导，导致城市空间形态无序

图 1-9　建筑高度缺少控制和引导，导致城市天际线无章可循

城市风貌有待优化引导

我国经济发展已进入新常态，城市建设逐渐由大规模、高速度扩张的粗放型发展阶段进入了关注城市环境品质、空间特色和寻求综合效益的集约型精明增长阶段。城市居住区是城市风貌构成的基本面，具有规模大、总量大、资产价值高等特征。首先，居住用地占城市建设用地比例约 30%；其次，城市住宅建筑面积规模占城市总建筑面积的比例约 60%；再次，住宅建筑资产价值占城市总资产价值比例约 75%。显然，居住区是城镇风貌的重要组成部分，其空间形态、风貌特色对城镇整体风貌有着重要的影响。我国大多数城市住宅建筑风格相似，缺乏地方特色，或与周围环境不协调，是造成千城一面的基本原因之一。城市风貌与居住特色的塑造需进一步得到重视和优化。

图 1-10　千城一面的城市风貌

图 1-11　居住区是城市风貌构成的基本面

修订背景

标准需统筹

相关标准有待统筹衔接

《规范》与现行相关国家标准、行业标准、建设标准应进一步对接与协调。居住区规划建设仅配套设施的设置就涉及30余本相关标准，包括规划设计标准、建筑设计标准以及工程建设项目建设标准，涵盖文体、教育、卫生、社会福利等各项公共服务设施以及交通、市政等基础设施。《标准》需要将现行工程建设标准及相关建设标准中规定的服务内容转化为配套设施，做好空间、用地等统筹工作；需要将服务指标的测算方法与规划的技术方法进行转化与对接，同时增加规划空间布局的引导与管控要求。

统筹工程建设项目建设标准　　表1-1

类别	工程建设项目标准（政府投资项目）
全龄人群	《城市社区服务站建设标准》（建标167-2014）
	《社区卫生服务中心、站建设标准》（建标163-2013）
	《城市社区体育设施建设用地指标》（2005）
老年人	《社区老年人日间照料中心建设标准》（建标142-2010）
	《老年养护院建设标准》（建标144-2010）
	《老年人社会福利机构基本规范》（MZ008-2001）
未成年人	《城市普通中小学校校舍建设标准》（建标[2002]102号）
	《流浪未成年人救助保护中心建设标准》（建标111-2008）
	《儿童福利院建设标准》（建标145-2010）
	《儿童社会福利机构基本规范》（MZ010-2001）
	《儿童福利机构设施建设指导意见（试行）》——民政部、国家发展改革委（2013）
	《幼儿园建设标准》（建标175-2016）
残疾人	《残疾人康复机构建设标准》（建标165-2013）
	《残疾人托养服务机构建设标准》（建标166-2013）
	《地方残疾人综合服务设施建设标准》——住房和城乡建设部、国家发展改革委（2010）

对接工程建设相关标准　　表1-2

类别	工程建设相关标准
规划设计类	《城市用地分类与规划建设用地标准》GB 50137
	《城市综合交通体系规划标准》GB/T 51328
	《城市工程管线综合规划规范》GB 50289
	《城乡建设用地竖向规划规范》CJJ 83
	《城市环境卫生设施规划规范》GB 50337
	《城镇老年人设施规划规范》GB 50437
建筑设计类	《建筑抗震设计规范》GB 50011
	《建筑设计防火规范》GB 50016
	《中小学校设计规范》GB 50099
	《绿色建筑评价标准》GB/T 50378
	《托儿所、幼儿园建筑设计规范》JGJ 39
	《养老设施建筑设计规范》GB 50867
	《城市道路工程设计规范》CJJ 37
	《无障碍设计规范》GB 50763
	《声环境质量标准》GB 3096

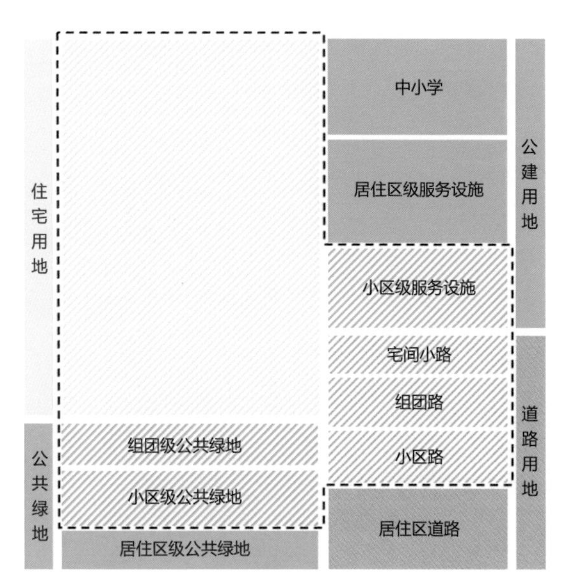

图 1-12 《规范》居住区用地构成示意

注：虚线范围为居住用地范围。

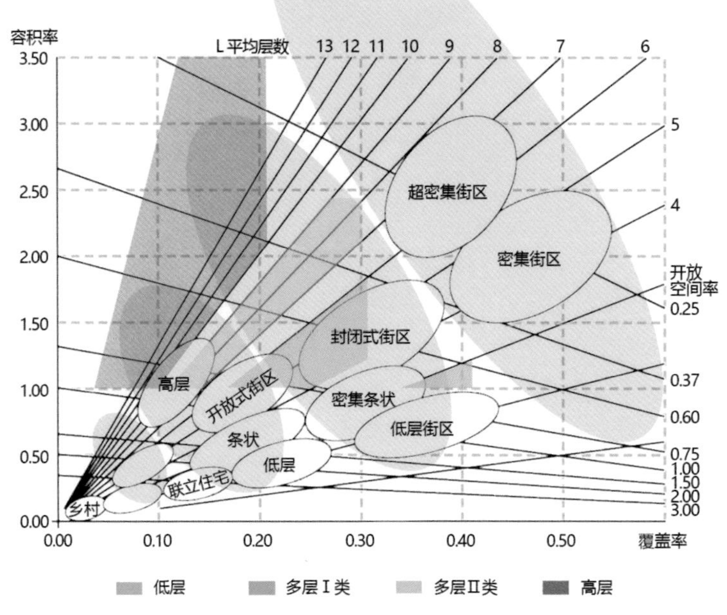

图 1-13 《规范》控制指标在“空间伴侣”[1]模型中的范围

由于现行国家标准《城市用地分类与规划建设用地标准》GB 50137-2011（以下简称《用地分类标准》）进行了修订，《标准》在术语、用地分类、控制指标等方面需进一步衔接，主要涉及居住区用地和居住用地、住宅用地及公共设施用地、公共绿地。

《用地分类标准》居住用地（R）= 住宅用地 + 部分公建用地 + 部分公共绿地 + 部分道路用地

控制指标有待改进

《规范》控制指标有待进一步研究改进，比如原指标控制规定屏蔽了住宅建筑低层高密度和多层高密度的建筑空间形态，而这两种类型的住宅建筑更易于街道空间的形成，可塑造宜人的空间尺度，有益于邻里交往。因此，此次修订调整了相关控制指标及其控制方式，增加了专用条文，兼容低层高密度和多层高密度居住形态，提供更加丰富的城市居住区空间形态控制指标。

1 荷兰 Delft 大学 Meta BerghauserPont 教授将建筑容积率 FSi、覆盖率 GSi、平均层数 L 和开放空间率 OSR 四种类型建筑密度指标结合在一起建立了一种评价建筑密度与城市形态关联的图表，他称之为“空间伴侣”（Spacemate）。资料来源：董春方 . 密度与城市形态 [J]. 建筑学报，2012，（7）：22-27。

修订方向

理念导向

五大发展理念

城市居住区规划建设应遵循创新、协调、绿色、开放、共享的发展理念，营造安全、卫生、方便、舒适、美丽、和谐以及多样化的居住生活环境。

城市居住区规划建设应以营造宜人的居住生活环境为中心，落实《若干意见》提出的“推动发展更加开放便捷、尺度适宜、配套完善、邻里和谐的生活街区”的要求，坚持节约集约利用土地和空间，坚持低影响开发的建设模式，并应满足居民合理的生活需求，提供便利的公共服务，创造绿色出行的生活条件；落实《中华人民共和国城乡规划法》第四条提出的“制定和实施城乡规划，应当遵循城乡统筹、合理布局、节约土地、集约发展和先规划后建设的原则，改善生态环境，促进资源、能源节约和综合利用，保护耕地等自然资源和历史文化遗产，保持地方特色、民族特色和传统风貌，防止污染和其他公害，并符合区域人口发展、国防建设、防灾减灾和公共卫生、公共安全的需要”。

《标准》贯彻落实党和国家新时代的发展理念和发展要求，坚持以人民为中心、绿色发展，提高政策性、导向型、科学性和可操作性，保障居民的居住生活环境符合中央城镇化工作会议提出的“生活空间宜居适度”的要求，科学合理、经济有效地使用土地和空间，有效规范城市居住区规划建设管理行为，促进城市居住区持续健康发展。

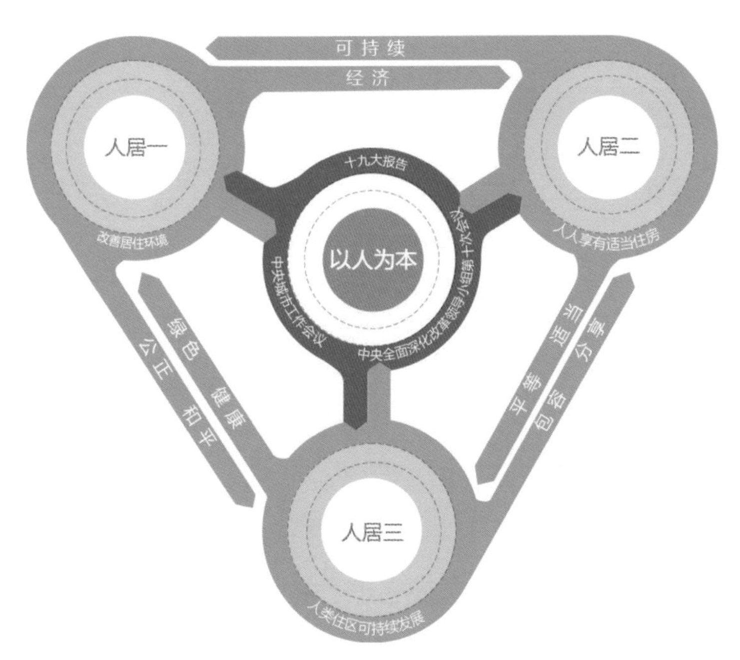

图1-14　国家与历次联合国人类居住会议提出以人为本的发展理念

修订方向

修订原则

坚持以人为本

图 1-15　以人为本在《标准》中的体现

新时代提出了新的发展要求，《标准》以真正满足居民生活需求为出发点，坚持以人为本的修订思路和方向，主要体现在：

1. 以“生活圈”对居住区进行分级。以“生活圈”取代过去“居住区、居住小区、居住组团”的分级模式，以人适宜的步行时间及其可达路程圈定日常生活的范围，对应不同生活圈的居民数量，提出应建设的生活服务设施和绿地，引导配套设施的合理布局，并为基层社会治理及服务管理的网络化、标准化发展提供易于对接的技术平台。各地可结合城市建设管理的实际情况通过详细规划或专项规划划分生活圈（如十五分钟生活圈可对接街道，五分钟生活圈可对接社区居委会）。此外，生活圈也便于老旧小区改造或城市更新工作，评估配套设施服务覆盖情况，查漏补缺以及校核既有设施承载能力，合理控制更新改造的新增容量，保障配套设施与居住人口的匹配关系，有计划地逐步完善。

2. 控制建设强度。以塑造更加人性化的生活空间为目的，大幅度提高规划层面对安全、便利等宜居生活环境的基本保障，不鼓励大面积超高强度开发居住用地，从而约束居住人口的过度聚集，有效缓解居住区应急疏散空间的严重不足，利于更好地应对公共卫生事件，降低城市对公共交通、市政公用设施以及公共服务设施供给的矛盾。《标准》提出了新建住宅高度的控制要求，提高居住安全保障系数，同时可避免不良建筑空间形态的出现。

3. 约束街区尺度。明确居住区路网密度，控制适宜的支路网间距（150～200m，不超过 300m），从而形成 2～4hm^2 的居住街坊，并作为便于管理的生活居住基本单元，实现“小街区、密路网”的交通组织方式，使居民能够以更适宜的步行距离到达周边服务设施或公交站点，同时有利于缓解城市交通压力。

4. 完善配套设施。从规划层面，为居民方便、和谐的居住生活提供支撑和保障。强调不同生活圈应满足居民相应的生活需求，越必需、越常用、方便度要求越高的设施，服务半径越小。强调补短板、强弱项，针对老龄化趋势及老年人生活特征，进一步完善基层养老服务设施的设置要求。针对全龄友好、全民健身，对老年人和儿童活动场地、社区居民体育活动场地、无障碍设施提出建设控制要求。

5. 保障居住环境品质。增加居住区选址的安全性规定及“居住环境”章节，对居住区的自然环境、空间环境、物理环境等提出规划设计与建设控制要求，增加顺应自然、因地制宜、透水增绿等低影响开发、海绵城市建设的绿色发展控制要求，引导居住区规划建设塑造高质量宜居的生活环境。

落实生态文明

党的十八大明确指出“经济建设是根本，政治建设是保证，文化建设是灵魂，社会建设是条件，生态文明建设是基础”的要求。党的十九大进一步提出“建设生态文明是中华民族永续发展的千年大计”。《若干意见》提出“优化城市绿地布局”“强化绿地服务居民日常活动的功能，使市民在居家附近能够见到绿地、亲近绿地”“进一步提高城市人均公园绿地面积”等要求。《标准》对“生态文明”的落实主要体现在：

1. 对接《用地分类标准》在居住用地总量上调，且中、小学校用地从居住用地调整为教育用地，在充分研究、确保可行的前提下，《标准》增加了城市公园绿地在居住区层级的配建要求，总体上人均公共绿地指标提升了 $3m^2$；同时，强化了各级生活圈公共绿地的“亲民布局”，强调了绿地更接近家门、方便居民使用的要求，使居民在居家附近能够见到绿地、亲近绿地，从而进一步优化城市绿地系统。为增加居民体育活动场所，《标准》提出新建居住区公园配置 10% ~ 15% 的体育活动场地，以保障社区体育活动空间可落地、能实施。

2. 增加顺应自然、因地制宜、透水增绿等低影响开发、海绵城市建设的绿色发展控制要求。通过技术规定引导居住区优化设计，形成宜人的风环境、声环境和良好的卫生环境。

支撑精细管理

我国正处于全面建设小康社会的决胜期，城市空间发展模式将从快速扩张向存量提质转型。《标准》作为城市管理的制度性技术工具之一，应坚持针对实际建设问题提出更加有效的精细化管控要求及引导措施，为使用者能够精准地表达规划设计意图或规划管理意图提供技术支撑。《标准》在助力精细化设计与管理方面主要体现在：

1. 采用“菜单式”组合指标统筹规划控制要求。在科学建模测算的基础上，按照不同气候区、不同住宅高度的居住空间环境，对居住区关键控制要素分级分类提供了规划控制指标组合，强化指标间的关联性，并预留建设项目的差异化设计空间，从而实现城市整体空间形态的优化。

2. 加强控制指标的管控性，同时为设计留足合理的弹性浮动空间，有利于使用者更好地表达规划与设计意图。

疑问解答：和上版《规范》相比，《标准》主要有哪些变化？

1. 适用范围从“城市居住区的规划设计”修改为“城市规划的编制以及城市居住区的规划设计”。《标准》的适用范围为“城市规划的编制以及城市居住区的规划设计”。《标准》是城市总体规划选择居住用地、控制开发强度、规划生活圈及预测其居住人口容量和建筑容量、配套设施，合理布局居住生活空间的依据；是控制性详细规划确定城市居住区建筑容量和人口规模，配置各项配套设施及公共绿地，有效管控居住用地建设的依据；是城市居住区规划设计（包括修建性详细规划以及住宅建设项目规划与设计）合理组织建筑空间、道路交通，设置配套设施，设计绿地等公共空间，保障居住生活环境安全、宜居的依据。

2. 调整居住区分级控制方式与规模。《标准》以“生活圈”取代过去“居住区、居住小区、居住组团”的分级模式，最大的改变就是以人的步行时间作为设施分级配套的出发点，突出了居民能够在适宜的步行时间内满足相应的生活服务需求，便于引导配套设施的合理布局。同时，也便于城市更新及老旧居住区改造工作，校核设施承载能力以及设施服务覆盖的情况，有利于查漏补缺，逐步完善。

3. 街区尺度的约束。《标准》以居住街坊为基本生活单元，同时限定了居住街坊的规模和尺度（大约 2 ~ $4hm^2$ 范围），外围是城市道路，对接“小街区、密路网”，使居民能够以更适宜的步行距离、更方便到达周边的服务设施或公交站点，同时城市支路的开放与共享有利于缓解交通拥堵。

4. 住宅建筑高度的控制。《标准》以塑造更加安全和人性化的生活空间为目的，不鼓励超高强度开发居住用地，同时有利于缓解城市应急疏散空间不足的压力；不鼓励新建住宅建筑超过 80m，有利于缓解住宅建筑消防救援的难度，同时有利于避免"高低配"等不良建筑空间形态对城市风貌的损害。调整了控制指标，使居住区可以兼容低层高密度和多层高密度的布局形式。

5. 配套设施的完善。《标准》强调不同"生活圈"满足不同的生活需求，越必需、越常用、方便度要求越高的设施，服务半径越小；针对老龄化趋势及其生活特征，规定了基层养老服务设施的设置要求；针对全民健身，提出了居住区基层群众体育活动设施的设置要求；对老年人、儿童活动设施、无障碍设施等居住区全龄化发展，提出了控制要求。

6. 配建绿地的调整。对《若干意见》提出的"优化城市绿地布局""强化绿地服务居民日常活动的功能使居民在居家附近能够见到绿地、亲近绿地""进一步提高城市人均公园绿地面积"等要求进行了落实。借《用地分类标准》中居住用地中小学校调整为教育用地的机会，增加了城市公园绿地在居住区层级的配建控制指标，与《规范》相比，居住区人均公共绿地指标大幅增加，同时强调了绿地更接近家门、方便居民使用的功能要求。

7. 居住环境品质的保障。《标准》增加了安全性选址要求及"居住环境"章节，对居住区的自然环境、空间环境、物理环境等提出了规划设计与建设控制原则，以引导居住区建设塑造宜居的生活环境；增加了顺应自然、因地制宜、透水增绿等低影响开发、海绵城市建设的绿色发展控制要求。

8. 精细化设计与管理的支撑。《标准》坚持针对实际建设问题采用指标组合控制方式及引导措施，为使用者能够精准表达规划设计意图或准确表达规划管理意图提供依据。各项相关性规划建设控制指标按照居住区规模分级进行管控，不同的空间范围使用对应的规划控制指标，强化了指标间的关联性，减少单项指标分别控制出现的误读误用；加强了控制指标的管控性，同时留足合理的弹性浮动空间，有利于使用者更好地表达规划意图。

修订方向

修订内容

《标准》在深入调查研究、认真总结实践经验、参考国内外有关先进标准的基础上，针对《规范》全面修订面对的重要技术问题，开展了 15 个专题研究，完成的主要修订包括：

精简章节和术语

《标准》章节从 11 章减至 7 章，突出居住区规划关注的关键问题，并新增"基本规定"和"居住环境"章节，明确强调了安全卫生、宜居适度、方便和谐、绿色发展等重要规定和要求；术语概念从 33 个简化至 11 个。

扩展适用范围

《标准》在《规范》适用于"城市居住区的规划设计"的基础上，增加"城市规划的编制"，且同时适用于新建区和建成区（既有住区）。

优化控制指标

《标准》改变居住区传统的分级方式，优化配套设施和公共绿地等控制指标和设置规定；分级、分类、分气候区提出居住区用地与建筑等居住空间环境关键性控制指标，并进行统筹、细化和整合。

修改强制性内容

《标准》共提出 6 个强制性条文，包括新增 1 条、删除 7 条、修改并重新整合形成 5 条，主要涉及居住区选址的安全性规定、居住街坊用地与建筑控制指标、公共绿地和集中绿地配建控制指标及其设置规定、住宅建筑间距日照标准等。

II

条文解读

条文解读

1
总则

General Provisions

Provision Interpretations

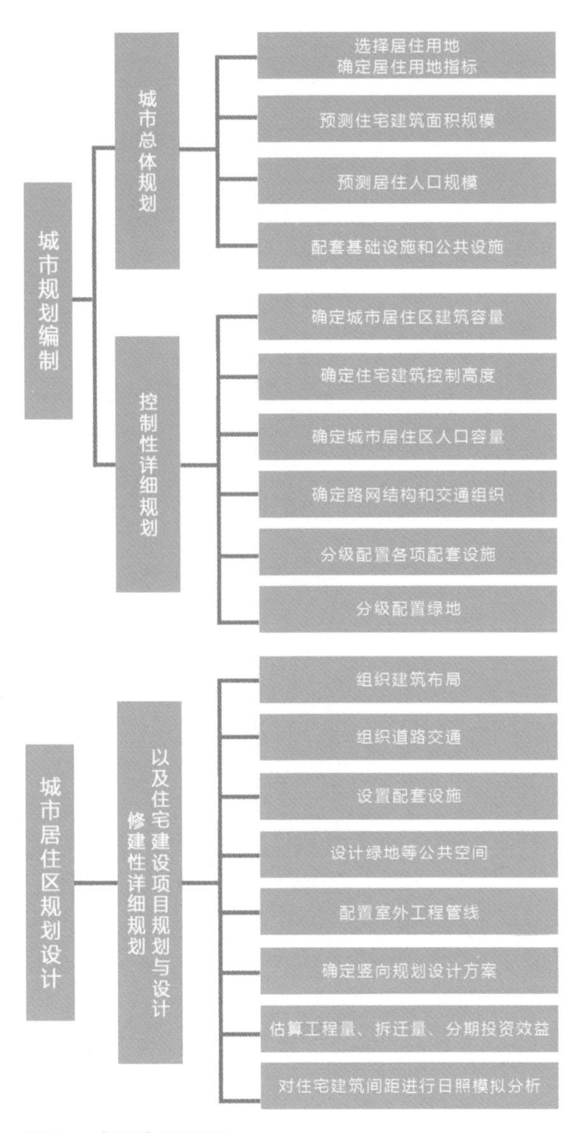

图 2-1 《标准》适用范围

《标准》条文

总则

1.0.1 为确保居住生活环境宜居适度，科学合理、经济有效地利用土地和空间，保障城市居住区规划设计质量，规范城市居住区的规划、建设与管理，制定本标准。

1.0.2 本标准适用于城市规划的编制以及城市居住区的规划设计。

1.0.3 城市居住区规划设计应遵循创新、协调、绿色、开放、共享的发展理念，营造安全、卫生、方便、舒适、美丽、和谐以及多样化的居住生活环境。

1.0.4 城市居住区规划设计除应符合本标准外，尚应符合国家现行有关标准的规定。

适用范围

《标准》适用范围从居住区的规划设计扩展至城市规划的编制以及城市居住区的规划设计。《标准》是城市总体规划选择居住用地、控制开发强度、预测居住人口规模、配套基础设施和公共设施，合理布局居住生活空间的依据；是控制性详细规划确定城市居住区建筑容量和人口规模，配置各项配套设施及公共绿地，有效管控居住用地建设的依据；是城市居住区规划设计（包括修建性详细规划以及住宅建设项目规划与设计）合理组织建筑空间、道路交通、设置配套设施、设计绿地等公共空间，保障居住生活环境安全、宜居的依据，同时适用于新建区和建成区。该《标准》是新建居住区规划设计的主要依据，也是我国大量老旧小区改造、城市更新工作补短板、强弱项的技术支撑。

条文解读

2
术语

Terms

Provision Interpretations

《标准》条文

术语

2.0.1 城市居住区 urban residential area

城市中住宅建筑相对集中布局的地区，简称居住区。

【条文说明 2.0.1】本条明确了“城市居住区”的概念。

“居住区”是城市中住宅建筑相对集中的地区，与原《规范》术语“泛指不同居住人口规模的居住生活聚居地”的概念基本一致。居住区依据其居住人口规模主要可分为十五分钟生活圈居住区、十分钟生活圈居住区、五分钟生活圈居住区和居住街坊四级。

2.0.2 十五分钟生活圈居住区 15-min pedestrian-scale neighborhood

以居民步行十五分钟可满足其物质与文化生活需求为原则划分的居住区范围；一般由城市干路或用地边界线所围合，居住人口规模为50000人~100000人（约17000套~32000套住宅），配套设施完善的地区。

2.0.3 十分钟生活圈居住区 10-min pedestrian-scale neighborhood

以居民步行十分钟可满足其基本物质与文化生活需求为原则划分的居住区范围；一般由城市干路、支路或用地边界线所围合，居住人口规模为15000人~25000人（约5000套~8000套住宅），配套设施齐全的地区。

2.0.4 五分钟生活圈居住区 5-min pedestrian-scale neighborhood

以居民步行五分钟可满足其基本生活需求为原则划分的居住区范围；一般由支路及以上级城市道路或用地边界线所围合，居住人口规模为5000人~12000人（约1500套~4000套住宅），配建社区服务设施的地区。

【条文说明 2.0.2-2.0.4】明确了各级“生活圈居住区”的含义。

“生活圈”是根据城市居民的出行能力、设施需求频率及其服务半径、服务水平的不同，划分出的不同的居民日常生活空间，并据此进行公共服务、公共资源（包括公共绿地等）的配置。“生活圈”通常不是一个具有明确空间边界的概念，圈内的用地功能是混合的，里面包括与居住功能并不直接相关的其他城市功能。但“生活圈居住区”是指一定空间范围内，由城市道路或用地边界线所围合，住宅建筑相对集中的居住功能区域；通常根据居住人口规模、行政管理分区等情况可以划定明确的居住空间边界，界内与居住功能不直接相关或是服务范围远大于本居住区的各类设施用地不计入居住区用地。十五分钟生活圈居住区的用地面积规模约为130hm^2 ~ 200hm^2，十分钟生活圈居住区的用地面积规模约为32hm^2 ~ 50hm^2，五分钟生活圈居住区的用地面积规模约为8hm^2 ~ 18hm^2。采用“生活圈居住区”的概念，既有利于落实或对接国家有关基本公共服务到基层的政策、措施及设施项目的建设，也可以用来评估旧区各项居住区配套设施及公共绿地的配套情况，如校核其服务半径或覆盖情况，并作为旧区改建时“填缺补漏”、逐步完善的依据，北京市对老城区的规划管理就实行了“查漏补缺、先批设施，后批住宅”的管控原则。

《标准》条文

术语

2.0.5 **居住街坊**　neighborhood block

由支路等城市道路或用地边界线围合的住宅用地，是住宅建筑组合形成的居住基本单元；居住人口规模在 1000 人～3000 人（约 300 套～1000 套住宅，用地面积 $2hm^2$～$4hm^2$），并配建有便民服务设施。

【条文说明 2.0.5】本条明确了“居住街坊”的概念。

“居住街坊”尺度为 150m ～ 250m，相当于原《规范》的居住组团规模；由城市道路或用地边界线所围合，用地规模约 $2hm^2$ ～ $4hm^2$，是居住的基本生活单元。围合居住街坊的道路皆应为城市道路，开放支路网系统，不可封闭管理。这也是“小街区、密路网”发展要求的具体体现。

2.0.6 **居住区用地**　residential area landuse

城市居住区的住宅用地、配套设施用地、公共绿地以及城市道路用地的总称。

2.0.7 **公共绿地**　public green landuse

为居住区配套建设、可供居民游憩或开展体育活动的公园绿地。

【条文说明 2.0.7】本条明确了“公共绿地”的概念。

公共绿地是为各级生活圈居住区配建的公园绿地及街头小广场。对应城市用地分类 G 类用地（绿地与广场用地）中的公园绿地（G1）及广场用地（G3），不包括城市级的大型公园绿地及广场用地，也不包括居住街坊内的绿地。

2.0.8 **住宅建筑平均层数**　average storey number of residential buildings

一定用地范围内，住宅建筑总面积与住宅建筑基底总面积的比值所得的层数。

2.0.9 **配套设施**　neighborhood facility

对应居住区分级配套规划建设，并与居住人口规模或住宅建筑面积规模相匹配的生活服务设施；主要包括基层公共管理与公共服务设施、商业服务业设施、市政公用设施、交通场站及社区服务设施、便民服务设施。

【条文说明 2.0.9】本条明确了“配套设施”的含义。

与居住区的分级相对应，各级生活圈和居住街坊配套建设的生活服务设施的总称为配套设施。其中包括城市公共管理与公共服务设施（A）、商业服务业设施（B）、市政公用设施（U）、交通场站（S4），也包括居住用地内的服务设施（服务五分钟生活圈范围、用地性质为居住用地的社区服务设施，以及服务居住街坊的、用地性质为住宅用地的便民服务设施）。

2.0.10 社区服务设施　5-min neighborhood facility

五分钟生活圈居住区内，对应居住人口规模配套建设的生活服务设施，主要包括托幼、社区服务及文体活动、卫生服务、养老助残、商业服务等设施。

【条文说明 2.0.10】本条明确了“社区服务设施”的含义。

根据调研数据统计，我国大多数社区的常住人口规模为5000人～12000人（约1000户～3000户），因此本标准将五分钟生活圈居住区的配套设施作为社区服务设施，与基层社区管理进行对接，有利于社区服务设施的落实并实施管理。但在实际应用中，每个城市对社区规模的划分可能各不相同，城市可结合本市的社区管理规划对接社区服务层级。总之，为居民配建相应的生活服务设施才是居住区分级的根本目的。

2.0.11 便民服务设施　neighborhood block facility

居住街坊内住宅建筑配套建设的基本生活服务设施，主要包括物业管理、便利店、活动场地、生活垃圾收集点、停车场（库）等设施。

【条文说明 2.0.11】本条明确了“便民服务设施”的含义。

居住街坊用地规模为$2hm^2$～$4hm^2$，是居住着1000人～3000人的基本生活单元，因此也应配备最基本的生活服务设施，该类设施主要服务于本街坊居民，其用地类别为住宅用地（R11、R21、R31）；一般应根据居住人口规模、住宅建筑面积规模或住宅套数按一定比例配建。

条文解读

3
基本规定

Basic Requirements

Provision Interpretations

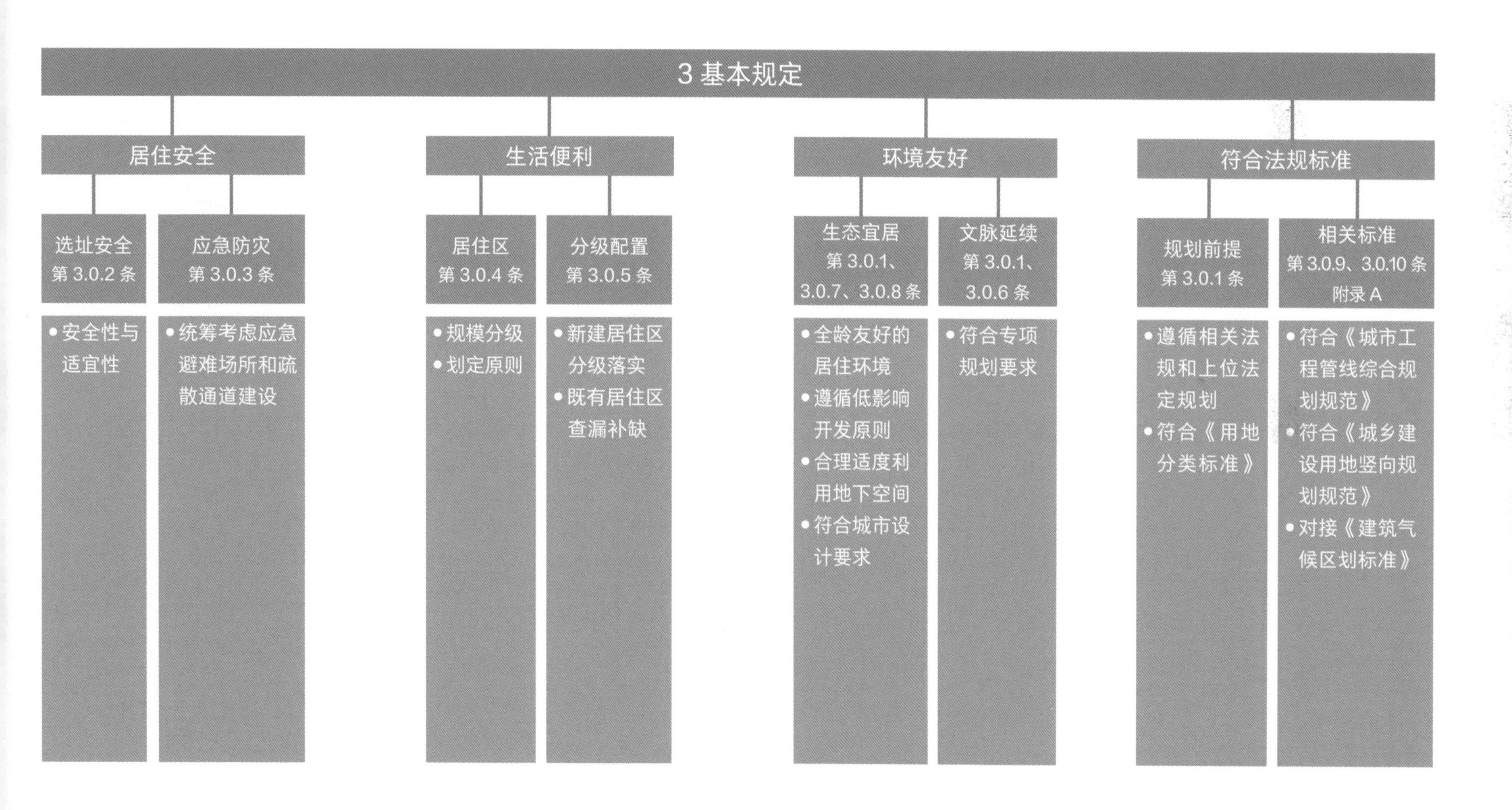

3 基本规定
居住安全
生活便利
环境友好
符合法规标准
选址安全
第 3.0.2 条
应急防灾
第 3.0.3 条
居住区
第 3.0.4 条
分级配置
第 3.0.5 条
生态宜居
第 3.0.1、
3.0.7、3.0.8 条
文脉延续
第 3.0.1、
3.0.6 条
规划前提
第 3.0.1 条
相关标准
第 3.0.9、3.0.10 条
附录 A
• 安全性与适宜性
• 统筹考虑应急避难场所和疏散通道建设
• 规模分级
• 划定原则
• 新建居住区分级落实
• 既有居住区查漏补缺
• 全龄友好的居住环境
• 遵循低影响开发原则
• 合理适度利用地下空间
• 符合城市设计要求
• 符合专项规划要求
• 遵循相关法规和上位法定规划
• 符合《用地分类标准》
• 符合《城市工程管线综合规划规范》
• 符合《城乡建设用地竖向规划规范》
• 对接《建筑气候区划标准》

《标准》条文

基本规定

3.0.1 居住区规划设计应坚持以人为本的基本原则，遵循适用、经济、绿色、美观的建筑方针，并应符合下列规定：

1 应符合城市总体规划及控制性详细规划；

2 应符合所在地气候特点与环境条件、经济社会发展水平和文化习俗；

3 应遵循统一规划、合理布局，节约土地、因地制宜，配套建设、综合开发的原则；

4 应为老年人、儿童、残疾人的生活和社会活动提供便利的条件和场所；

5 应延续城市的历史文脉、保护历史文化遗产并与传统风貌相协调；

6 应采用低影响开发的建设方式，并应采取有效措施促进雨水的自然积存、自然渗透与自然净化；

7 应符合城市设计对公共空间、建筑群体、园林景观、市政等环境设施的有关控制要求。

3.0.2 居住区应选择在安全、适宜居住的地段进行建设，并应符合下列规定：

1 不得在有滑坡、泥石流、山洪等自然灾害威胁的地段进行建设；

2 与危险化学品及易燃易爆品等危险源的距离，必须满足有关安全规定；

3 存在噪声污染、光污染的地段，应采取相应的降低噪声和光污染的防护措施；

4 土壤存在污染的地段，必须采取有效措施进行无害化处理，并应达到居住用地土壤环境质量的要求。

3.0.3 居住区规划设计应统筹考虑居民的应急避难场所和疏散通道，并应符合国家有关应急防灾的安全管控要求。

3.0.4 居住区按照居民在合理的步行距离内满足基本生活需求的原则，可分为十五分钟生活圈居住区、十分钟生活圈居住区、五分钟生活圈居住区及居住街坊四级，其分级控制规模应符合表 3.0.4 的规定。

居住区分级控制规模　　表 3.0.4

距离与规模	十五分钟生活圈居住区	十分钟生活圈居住区	五分钟生活圈居住区	居住街坊
步行距离（m）	800 ~ 1000	500	300	—
居住人口（人）	50000 ~ 100000	15000 ~ 25000	5000 ~ 12000	1000 ~ 3000
住宅数量（套）	17000 ~ 32000	5000 ~ 8000	1500 ~ 4000	300 ~ 1000

3.0.5 居住区应根据其分级控制规模，对应规划建设配套设施和公共绿地，并应符合下列规定：

1 新建居住区，应满足统筹规划、同步建设、同期投入使用的要求；

2 旧区可遵循规划匹配、建设补缺、综合达标、逐步完善的原则进行改造。

3.0.6 涉及历史城区、历史文化街区、文物保护单位及历史建筑的居住区规划建设项目，必须遵守国家有关规划的保护与建设控制规定。

3.0.7 居住区应有效组织雨水的收集与排放，并应满足地表径流控制、内涝灾害防治、面源污染治理及雨水资源化利用的要求。

3.0.8 居住区地下空间的开发利用应适度，应合理控制用地的不透水面积并留足雨水自然渗透、净化所需的土壤生态空间。

3.0.9 居住区的工程管线规划设计应符合现行国家标准《城市工程管线综合规划规范》GB 50289 的有关规定；居住区的竖向规划设计应符合现行行业标准《城乡建设用地竖向规划规范》CJJ 83 的有关规定。

3.0.10 居住区所属的建筑气候区划应符合现行国家标准《建筑气候区划标准》GB 50178 的规定，其综合技术指标及用地面积的计算方法应符合本标准附录 A 的规定。

概述

在城市发展与更新过程中，为了更好地贯彻落实“坚持以人为本”“顺应生态文明”，坚持“创新、协调、绿色、开放、共享”五大发展理念，保障居住环境规划设计与建设开发的舒适安全、绿色宜居、美丽和谐，提升城市整体适应环境变化和应对自然灾害等方面的能力，《标准》在“基本规定”章节，明确提出居住区规划建设应当遵循的基本原则与具体要求。“基本规定”一章共涉及7条基本原则，围绕居住安全、生活便利、环境友好三个方面，提出选址安全、应急防灾、分级规模、配套建设、历史保护、低影响开发、地下空间利用、相关标准与指标控制等9条具体要求，为整体提升居住区规划建设水平提供保障。

为保障居住安全，提出居住区规划建设要统筹规划选址安全与低影响开发，构筑生态与安全底线；为保护历史风貌，提出协调历史保护与开发建设，实现地方特色保护与历史文脉传承；为促进海绵社区建设，提出应适度、合理开发利用地下空间；为适用于旧区改造，提出协调新区建设与旧区改造，建立新旧分类管控要求与政策引导；为营造全龄友好的居住环境，提出为老年人、儿童提供便利的生活条件和活动场所，并在无障碍设施建设、绿地设置、活动场地和养老设施等方面提出了具体规定。倡导因地制宜，结合所在地区气候特点、环境条件、经济社会发展水平、文化习俗、人口结构等，进行配套建设与综合开发；以步行出行时间划定生活圈层级，进行居住区分级控制，充分体现以人为本原则。

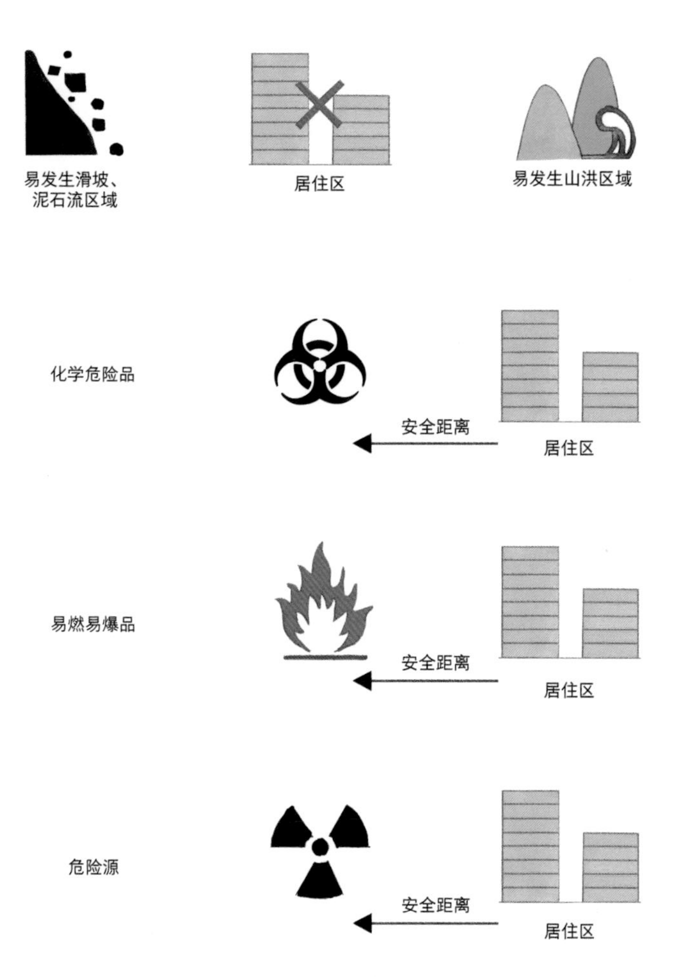

图 2-2 居住区选址安全性要求

居住安全

选址安全

安全性与适宜性

居住区是城市居民居住生活的场所，其选址的安全性、适宜性规定是居民安居生活的基本保障。《标准》明确了居住区规划选址必须遵守的安全性原则，并作为强制性条文执行。居住区应选择在安全、适宜居住的地段进行建设，并应符合下列规定：

1. 不得在有滑坡、泥石流、山洪等自然灾害威胁的地段进行建设。

山洪灾害和滑坡、泥石流灾害是我国自然灾害造成人员伤亡的重要灾种，发生频率十分频繁，每年都会造成大量人员伤亡和财产损失。因此，居住区应避开有上述自然灾害威胁的地段进行建设。居住区建设的用地安全评估应符合《城市综合防灾规划标准》GB/T 51327-2018 的相关规定。

2. 与危险化学品及易燃易爆品等危险源的距离，必须满足有关安全规定。

危险化学品及易燃易爆品等危险品是城市中存在的危险源，一旦发生事故，影响范围广，居民受灾程度严重。因此，居住区与周围的危险化学品及易燃易爆品等危险源（如存放点、仓库等），必须保持一定的距离并符合国家对该类危险源安全距离及防护措施的有关规定，可采取设置绿化隔离带等措施确保居民生活安全。

甲类仓库与民用建筑的防火间距（m） 表 2-1

名称	甲类仓库
高层民用建筑、重要公共建筑	50
裙房、其他民用建筑、明火或散发火花地点	25 ~ 40

资料来源：《建筑设计防火规范》GB 50016-2014

乙、丙、丁、戊类仓库与民用建筑的防火间距（m） 表 2-2

名称	乙类仓库	丙类仓库	丁、戊类仓库
高层民用建筑	50	15 ~ 25	13 ~ 18
裙房，单、多层民用建筑	25	10 ~ 18	10 ~ 18

资料来源：《建筑设计防火规范》GB 50016-2014

安全性与适宜性

3. 存在噪声污染、光污染的地段，应采取相应的降低噪声和光污染的防护措施。

噪声和光污染会对人的听觉系统、视觉系统和身体健康产生不良影响，降低居民的居住舒适度。临近交通干线或其他已知固定设备产生的噪声超标、公共活动场所某些时段产生的噪声、建筑玻璃幕墙日间产生的强反射光或夜景照明产生的强光，都可能影响居民休息，干扰正常生活。因此，建筑的规划布局应采取相应的措施加以防护或隔离，降低噪声和光污染对居民产生的不利影响，如：尽可能将商业、停车楼等对噪声和光污染不敏感的建筑邻靠噪声源、遮挡光污染，可设置土坡绿化、种植大型乔木等隔离措施，降低噪声和光污染对住宅建筑的不利影响。

4. 土壤存在污染的地段，必须采取有效措施进行无害化处理，并应达到居住用地土壤环境质量要求。

依据环境保护部《污染地块土壤环境管理办法（试行）》有关要求，在有可能被污染的建设用地上规划建设居住区时，如原二类及以上工业用地变更为居住用地时，需对该建设用地的土壤污染情况进行环境质量评价，土壤环境调查与风险评估确定为污染地段的，必须有针对性地采取有效措施进行无害化治理和修复，在符合居住用地土壤环境质量要求的前提下，才可以规划建设居住区。未经治理或者治理后检测不符合相关标准的，不得用于建设居住区。

图 2-3　高架道路设置隔音板降低噪声

图 2-4　城市干道设置绿化隔离带与大型乔木降低噪声

统筹考虑应急避难场所和疏散通道建设

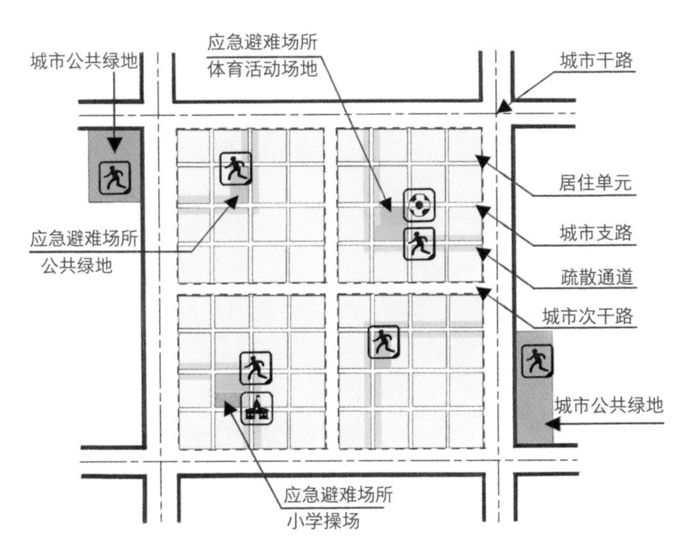

图 2-5 居住区应急避难场所和疏散通道示意

应急避难场所和疏散通道是城市综合防灾设施的重要组成部分，是应对灾害、保障居民人身安全的必要设施。居住区规划布局应兼顾安全性要求，统筹其道路、公共绿地、中小学校、体育场馆、建筑以及配套设施等公共空间的布局，满足居民应急避难和就近疏散的安全管控要求。在突发灾害时，承担疏散通道或救援通道的居住区道路应能够满足居民安全疏散以及运送救援物资等要求，并设置相应的引导标识。

按照《城市抗震防灾规划标准》GB 50413-2007，固定避震疏散场所的服务半径宜为 2～3km，步行大约 1h 之内可以到达，人均有效避难面积不小于 $2m^2$，用地不宜小于 $50hm^2$；紧急避震疏散场所的服务半径宜为 500m，步行大约 10min 之内可以到达，人均有效避难面积不小于 $1m^2$，用地不宜小于 $0.1hm^2$。城市内疏散通道的宽度不应小于 15m，避难场所内的通道有效宽度及应急道路有效宽度至应急设施的最小距离满足《防灾避难场所设计规范》GB 51143-2015 的安全管控要求。

应急道路有效宽度的边缘至应急设施的最小距离（m） 表 2-3

设施与通道关系	主、次通道	支道
有出入口	2.0	1.5
无出入口	1.0	1.0

资料来源：《防灾避难场所设计规范》GB51143-2015

避难场所内通道的有效宽度（m） 表 2-4

通道类别	通道有效宽度
主通道	≥ 7.0
次通道	≥ 4.0
支道	≥ 3.5
人行道	≥ 1.5

资料来源：《防灾避难场所设计规范》GB 51143-2015

生活便利

居住区

规模分级

《标准》修订以社区生活圈构建为目标导向，将城市规划的空间问题与人的生活需求和行为习惯紧密结合，以步行时间及可达路程为出发点圈定日常生活范围，作为居住区规模分级的新标准，构建更有体感的“生活圈居住区”分级结构。《标准》划分居住街坊、五分钟生活圈居住区、十分钟生活圈居住区、十五分钟生活圈居住区四个规模等级，并分别对应一定的人口规模和配套设施要求。相比原《规范》按照居住户数与人口规模，将居住区划分为城市居住区、居住小区和居住组团的三级控制规模，《标准》打破居住区规划建设相对封闭的现实瓶颈，将居住区的规划建设与居民的步行出行与日常需求紧密结合，将居住空间的建设融入城市生活中。

《标准》注重居住区规划建设与居民实际生活需求的互动关系。一方面，通过对居民日常生活规律的提炼，转译为生活圈规划设计配置依据；另一方面，通过步行友好环境的建设、分级设施配套建设，改变居民生活习惯与生活方式，倡导绿色出行，引导更加绿色低碳、更具健康活力的生活方式。多层级“生活圈居住区”的提出，便于城市管理者、建设者、居民能更好地理解居住区配套设施和公共绿地建设的基本要求，对居住区建设的目标、实施路径达成共识，统一规划技术标准与社会认知的语境，使得《标准》真正成为城市居住区规划建设开放性的技术平台。

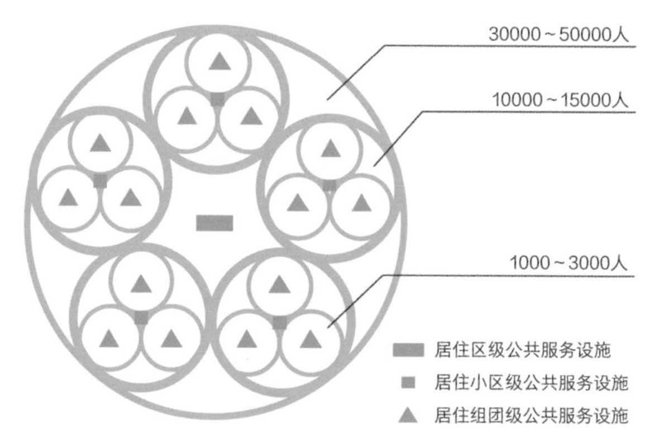

图 2-6　原《规范》三级规模控制：居住组团—居住小区—居住区

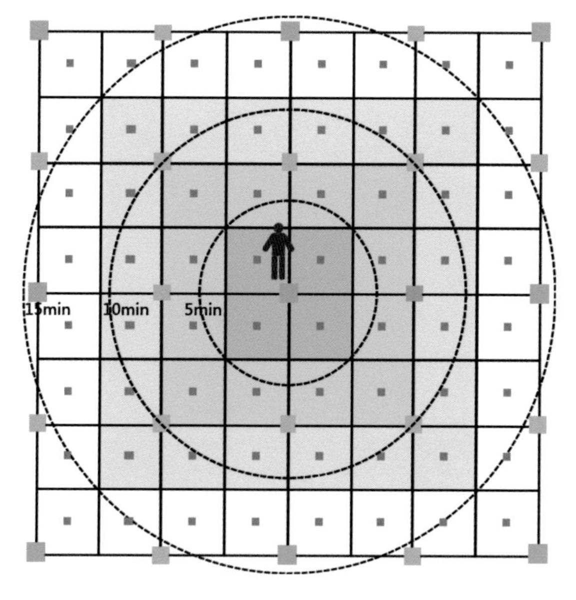

图 2-7　居住街坊，五分钟、十分钟、十五分钟生活圈居住区范围示意

步行时间	居住街坊	五分钟生活圈居住区	十分钟生活圈居住区	十五分钟生活圈居住区
步行距离	—	300m	500m	800～1000m
人口规模	1000～3000 人	5000～12000 人	15000～25000 人	50000～100000 人
住宅数量	300～1000 套	1500～4000 套	5000～8000 套	17000～32000 套

图 2-8　居住街坊，五分钟、十分钟、十五分钟生活圈居住区对应的规模

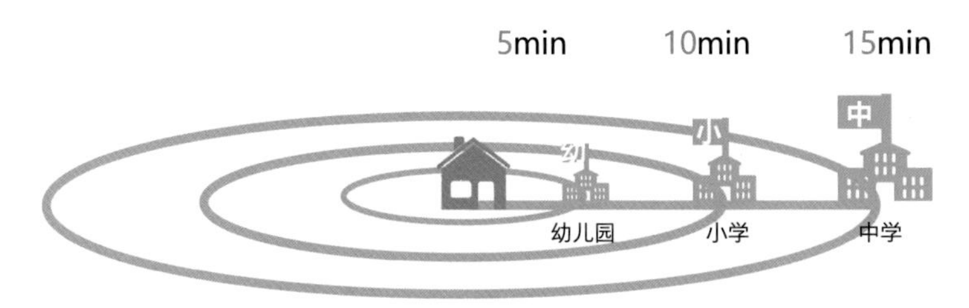

图 2-9　保证设施在合理的步行服务范围内

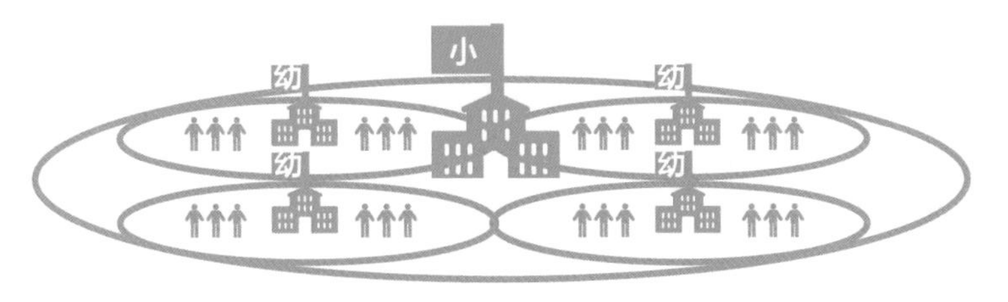

图 2-10　保证配套设施与居住人口规模对应

划定原则

1. 以步行距离划定各级生活圈

居住区规划建设坚持“以人为本”，避免以往过多考虑机动交通通行，造成居民日常生活出行困难、服务不便利的弊端，积极引导步行友好的城市居住环境建设，优先考虑以步行距离和活动圈层来划定居住区层级。

居住街坊是居住区构成的基本单元，也是《标准》对应的最小的居住区。结合居民的出行规律，步行 5min、10min、15min 可分别满足其日常生活的基本需求，因此，形成了居住街坊及三个等级的生活圈居住区。三个生活圈居住区可分别对应在 300m、500m、1000m 的空间范围，同时也是主要生活配套设施的服务半径。综合考虑土地开发强度的差异，四个层级对应的居住人口规模分别为 1000～3000 人（约 300～1000 套住宅）、5000～12000 人（约 1500～4000 套住宅）、15000～25000 人（约 5000～8000 套住宅）、50000～100000 人（约 17000～32000 套住宅）。

2. 兼顾配套设施服务半径及运行规模

居住区分级兼顾配套设施的合理服务半径及合理的运行规模，以利于充分发挥其社会效益和经济效益。不同开发建设强度的居住区，对应的居住人口规模会相差数倍。设施规模太小，可能造成配套设施运行不经济；规模过大，又会造成配套设施不堪重负，影响服务水平甚至产生安全隐患。因此，配套设施要达到较好的服务效果，应具备两个基本条件：

· 适宜的服务半径，即步行可达，以保障提供优质服务。

· 具有一定规模的居住人口即服务人口，以利于设置合理规模的设施，保障其运行效率。

以居住区教育设施为例，《规范》对中、小学和幼儿园服务半径的控制要求分别是不宜超过 1000m、500m 和 300m（此规划设计控制指标已沿用多年且受到居民的普遍认可），分别与十五分钟、十分钟、五分钟生活圈居住区相对应，其建设规模需根据生活圈居住区的居住人口规模进行配建。因此，居住人口规模与设施服务半径是双控指标，既要保证设施在合理的步行服务范围内，又要保证配套设施建设规模与居住人口规模相对应。

3. 对接城市基层管理平台

《标准》通过生活圈的设置创建了居住区规划建设与城市治理单元的对接平台，尝试以空间平台衔接管理主体，倡导公众参与，推进共同谋划、共同治理，引导管理者、技术人员、居民等《标准》使用者在协同行动中共同建设居住区的未来。

《标准》提出十五分钟生活圈居住区建议与街道管理单元对接，五分钟生活圈居住区建议与社区居委会管理单元对接。在公共服务设施投资主体多元化的情况下，理顺政府职能，强化政府统筹协调作用，在科学合理引导和监管的情况下充分发挥市场资源的能动性和社会责任感，避免规划与实际社会管理长期脱节情况的发生。生活圈居住区及其配套设施的建设为基层治理单元的网格化发展和标准化服务提供了技术支撑，为各基层治理主体赋权明责做出了空间保障。

实际运用中，居住区分级可兼顾城市各级管理服务机构的管辖范围进行划分，城市社区也可结合居住区规划分级划分服务范围、设置社区服务中心（站），这样既便于居民生活的组织，又有利于各类设施的配套建设及提供管理和服务。

居住街坊是组成各级生活圈居住区的基本单元。通常 3～4 个居住街坊可组成 1 个五分钟生活圈居住区，可对接社区服务；3～4 个五分钟生活圈居住区可组成 1 个十分钟生活圈居住区；3～4 个十分钟生活圈居住区可组成 1 个十五分钟生活圈居住区；1～2 个十五分钟生活圈居住区，可对接 1 个街道办事处。城市社区可根据社区的实际居住人口规模对应《标准》的居住区分级，实施管理与服务。

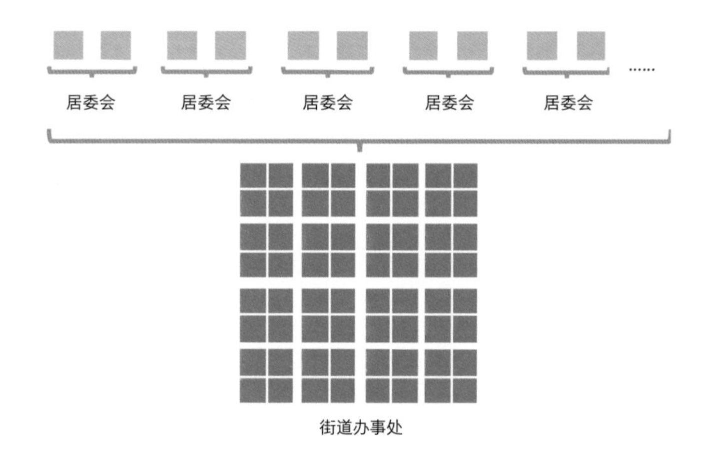

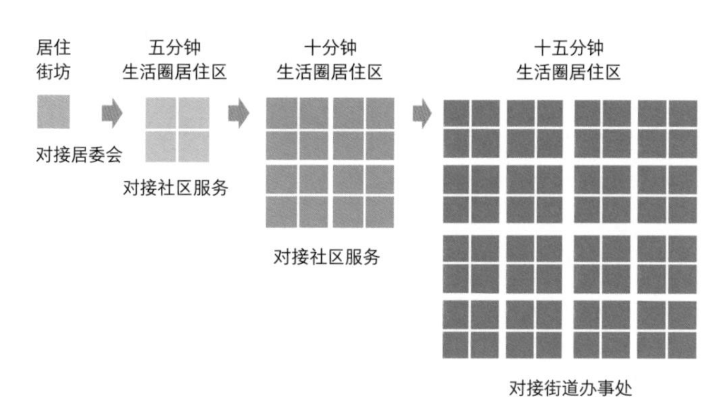

图 2-11　居住区分级对接城市基层管理体制示意

疑问解答：《标准》为什么引入生活圈的概念？三个生活圈的关系是什么？实际工作中，生活圈如何划定（介于两级生活圈之间怎么划）？

居住区分级是为了便于配套生活服务设施和配建公共绿地，落实国家有关基本公共服务均等化的发展要求，满足居民的基本物质与文化生活需求。生活圈是以人的基本生活需求和步行可达为基础，充分体现以人为本的发展理念，采用“生活圈居住区”的概念，突出了居民能够在适宜的步行时间内满足相应的生活服务需求，既有利于落实或对接国家有关基本公共服务到基层的政策、措施及设施项目的建设，也可以用来评估既有居住区各项配套设施及公共绿地的配套情况，如通过校核设施服务半径核查服务覆盖情况，并作为旧区改建时“查漏补缺”、逐步完善的依据。

十五分钟生活圈居住区、十分钟生活圈居住区、五分钟生活圈居住区之间是相互包含的关系，根据层级关系来配套设施和配建公共绿地。

“生活圈居住区”是指由城市道路或用地边界线所围合，住宅建筑相对集中的居住功能区域；通常根据居住人口规模、行政管理分区、控制性详细规划单元等可以划定明确的居住空间边界，界内与居住功能不直接相关或是服务范围远大于本居住区的各类设施用地不计入居住区用地。十五分钟生活圈居住区的用地面积规模约为 130～200hm^2，十分钟生活圈居住区的用地面积规模约为 32～50hm^2，五分钟生活圈居住区的用地面积规模约为 8～18hm^2。介于两级生活圈之间，在设施配套时可考虑按上一级生活圈的配套设施适当增配，也可与邻近生活圈整体校核配套设施指标。

疑问解答：生活圈居住区及居住街坊用地范围的确定规则是什么？

生活圈居住区范围内通常会涉及不计入居住区用地的其他用地，主要包括：企事业单位用地、城市快速路和高速路及防护绿带用地、城市级公园绿地及城市广场用地、城市级公共服务设施及市政设施用地等，这些不是直接为本居住区生活服务的各项用地，都不应计入本生活圈居住区用地。另外，生活圈居住区用地分界（除快速路和高速路以外）应划至城市道路中心线，与非居住区用地的分界也应划至道路中心线。

居住街坊用地是纯净的住宅用地（包括便民服务设施用地），因此，街坊内的其他用地，如幼儿园用地、沿街商业用地等不应计入居住街坊住宅用地。

生活便利

分级配置

为了满足居民对各级生活圈的使用需求，营造舒适便利的城市居住环境，居住区应根据其分级控制规模，对应规划建设配套设施和公共绿地，对应人口规模及服务半径进行配置，并满足不同层级居民日常生活的基本物质与文化需求。同时，坚持新区建设与旧区改造协调，实施分类管控与政策引导，结合居民对各类设施的使用频率要求和设施运营的合理规模，配套设施分为四级，包括十五分钟、十分钟、五分钟三个生活圈居住区层级的配套设施和居住街坊层级的配套设施，如居住街坊应配套建设集中绿地及相应的便民服务设施；五分钟生活圈居住区应配套建设社区服务设施（含幼儿园）和公共绿地；十分钟生活圈居住区应配套建设小学、商业服务等配套设施及公共绿地；十五分钟生活圈居住区应配套建设中学、商业服务、医疗卫生、文化、体育、养老助残等配套设施及公共绿地。

生活圈居住区公共绿地是居民户外活动与社会交往的重要场所，实现居住区公共绿地的便民与均等化分布，是丰富城市生活、提高居民获得感的重要保障。《若干意见》中提出“优化城市绿地布局”“强化绿地服务居民日常活动的功能使居民在居家附近能够见到绿地、亲近绿地”的要求。生活圈居住区公共绿地应坚持分级配置，在居民不同出行范围内满足不同规模公共绿地的配置。细化各级生活圈公共绿地与人均公共绿地面积控制指标，对集中设置的公园绿地规模进行分级控制，丰富集中、分散、立体等多种绿化形式，构建点、线、面结合的城市绿地系统，充分发挥生态效应，增加居民运动健身、休憩交往的公共空间。

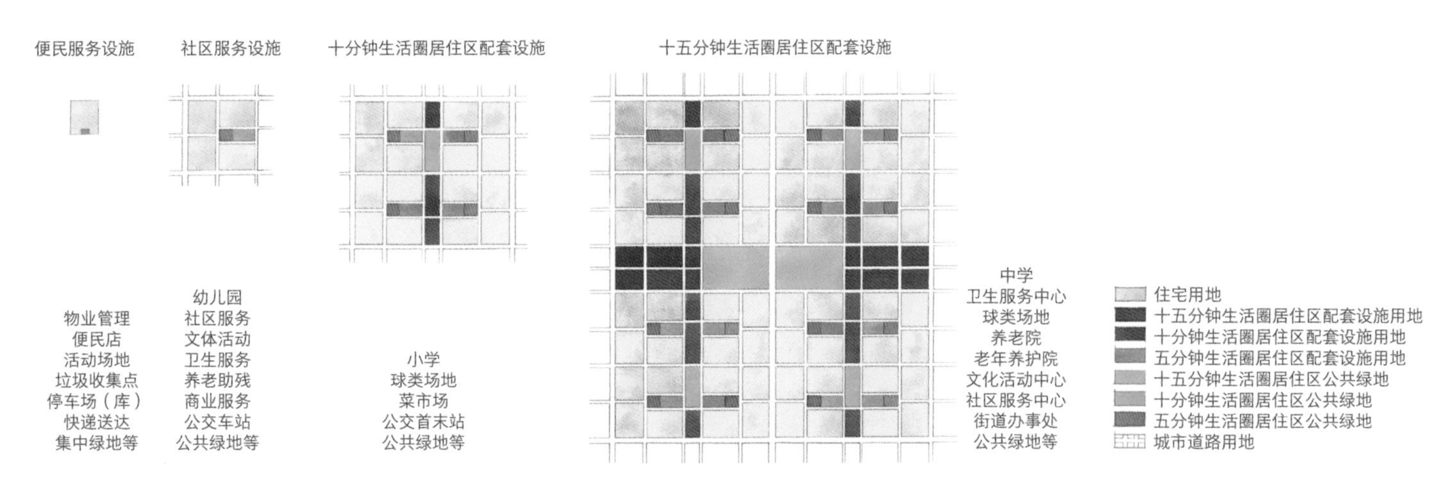

图 2-12　配套设施分级控制示意

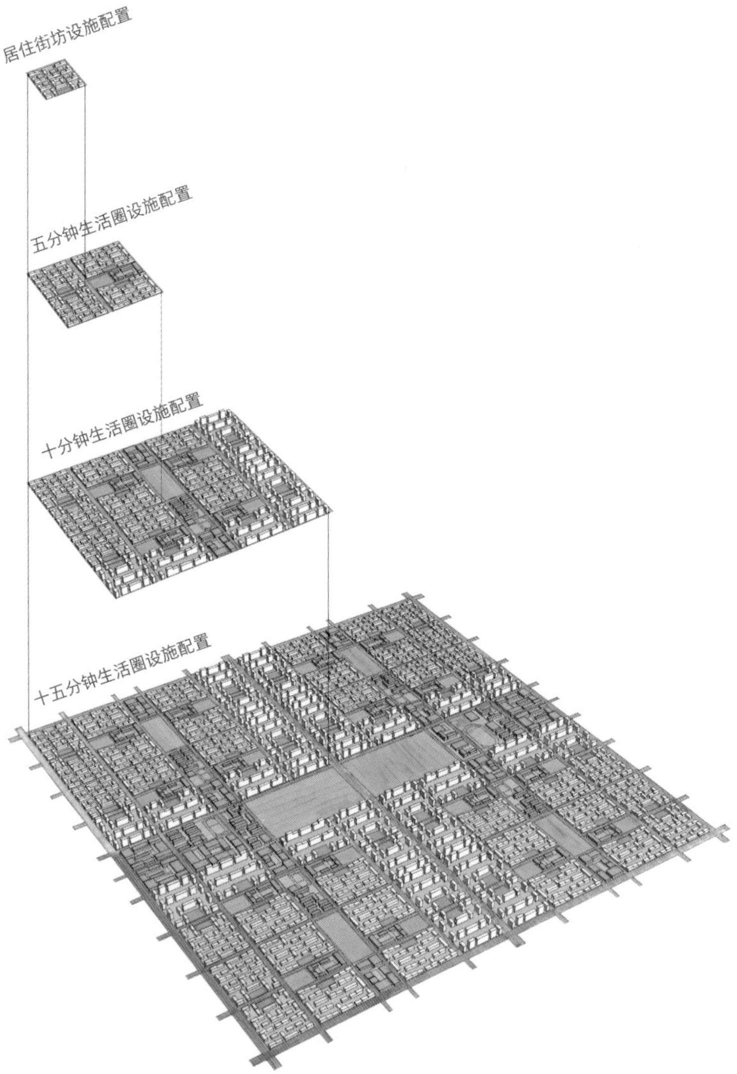

图 2-13　按照居住区分级逐级落实配套设施和绿地

新建居住区分级落实

新建居住区的配套设施和公共绿地，应满足统筹规划、同步建设、同期投入使用的要求，全面执行《标准》。规划可综合考虑城市道路的围合、居民步行出行的合理范围以及城市管理辖区范围划分各级居住区，并对应居住人口规模规划布局各项配套设施和公共绿地。在实际应用中，十五分钟生活圈居住区及十分钟生活圈居住区往往是进一步落实上位规划对居住用地进行控制的依据，如在总体规划、分区规划和控制性详细规划中将与居住人口规模、服务半径对应的配套设施根据环境条件、服务范围进行布局，确定主要配套设施、绿地系统和道路交通组织形式，形成完整的居住区分级配套体系；在详细规划阶段，对于五分钟生活圈居住区及居住街坊，应根据其居住人口规模及建筑容量，规划设置相应的配套设施、公共绿地及集中绿地。

既有居住区查漏补缺

既有居住区配套设施和公共绿地，可按照《标准》进行建设管控，遵循规划匹配、建设补缺、综合达标、逐步完善的原则进行更新或改造。

在旧区改建过程中，由于土地开发强度的增加，将导致建筑容量及人口密度的增加，规划管理与控制性详细规划应根据居住区规模分级，进行配套设施承载能力综合评估并提出规划控制要求，依据配套设施的承载能力合理控制新增居住人口的数量及新增住宅建筑的规模，对应居住人口规模规划建设配套设施及公共绿地，保障居住人口规模与配套设施的匹配关系；但配套设施的规划建设，可根据实际情况采用分散补齐、综合达标的方式达到合理配套的效果。如果既有建筑改造项目的建设规模不足居住街坊时，应与周边居住区统筹评估，校核配套设施及公共绿地的匹配关系，并按规定进行配建管控。

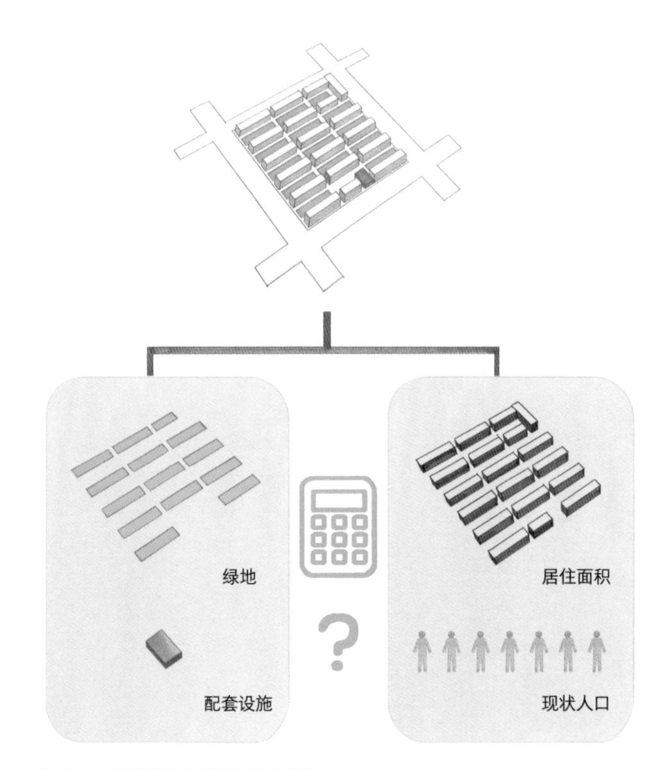

图 2-14　配套设施承载能力综合评估

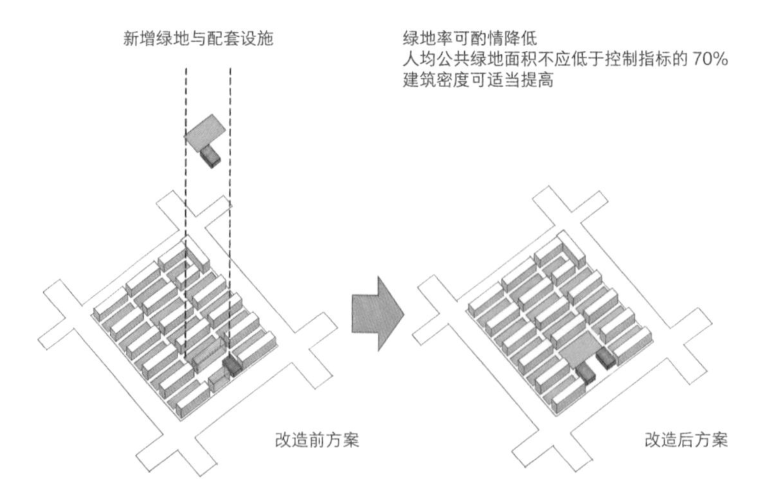

图 2-15　配套设施和公共绿地建设补缺

全龄友好的居住环境

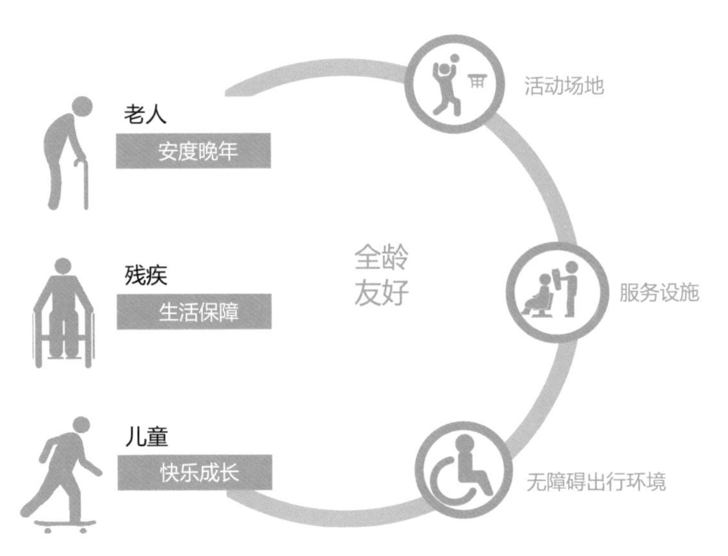

图 2-16　全龄友好的居住生活环境

我国已进入老龄化社会，据中国市长协会《中国城市发展报告（2015）》预测，至 2050 年，老年人口将达到总人口的 34.1%。根据第六次全国人口普查数据，我国 0～14 岁人口为 22245 万人，占总人口的 16.6%；残疾人口为 8502 万，其中肢体伤残占相当的比例。

使老年人能安度晚年、儿童能快乐成长、残疾人能享受国家、社会给予的生活保障，营造全龄友好的生活居住环境是居住区规划建设不容忽视的重要问题。居住区应为老年人、儿童、残疾人的生活和社会活动提供便利的条件和场所，包括提供便捷可达的活动场所及相应的生活服务设施，提供方便、安全的居住生活条件，提供覆盖居住区及城市的无障碍出行环境。

遵循低影响开发原则

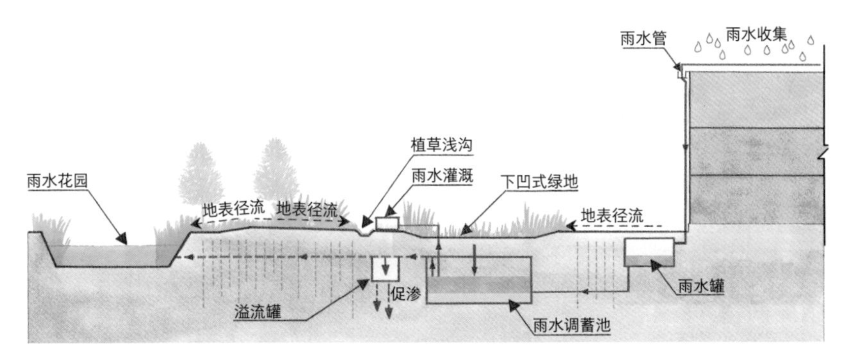

图 2-17　低影响开发雨水系统示意

为提升城市在适应环境变化和应对自然灾害等方面的能力，提升城市生态系统功能和减少城市洪涝灾害的发生，居住区规划应遵循低影响开发的基本原则。基于海绵城市“小雨不积水、大雨不内涝”的建设要求，居住区规划建设应充分结合建筑布局及雨水利用、排洪防涝，对雨水进行有组织管理，形成低影响开发雨水系统。居住区应按照上位规划的排水防涝要求，预留雨水蓄滞空间和涝水排除通道，满足内涝灾害防治的要求；采用自然生态的绿色雨水设施、仿生态化的工程设施以及灰色工程设施，降低城市初期雨水污染，满足面源污染控制的要求；做好雨水利用的相关规划设计，配套滞蓄设施，满足雨水资源化利用的要求。

合理适度利用地下空间

地下空间的开发利用是节约集约利用土地的有效方法，居住区规划建设应适度开发利用地下空间。根据《中华人民共和国城乡规划法》第三十三条：“城市地下空间的开发和利用，应当与经济和技术发展水平相适应，遵循统筹安排、综合开发、合理利用的原则，充分考虑防灾减灾、人民防空和通信等需要，并符合城市规划，履行规划审批手续。”《标准》提出居住区地下空间的开发利用应因地制宜、统一规划、适度开发，为雨水的自然渗透与地下水的补给、减少径流外排留足相应的土壤生态空间。

图 2-18　大巴黎某居住区透水生态空间

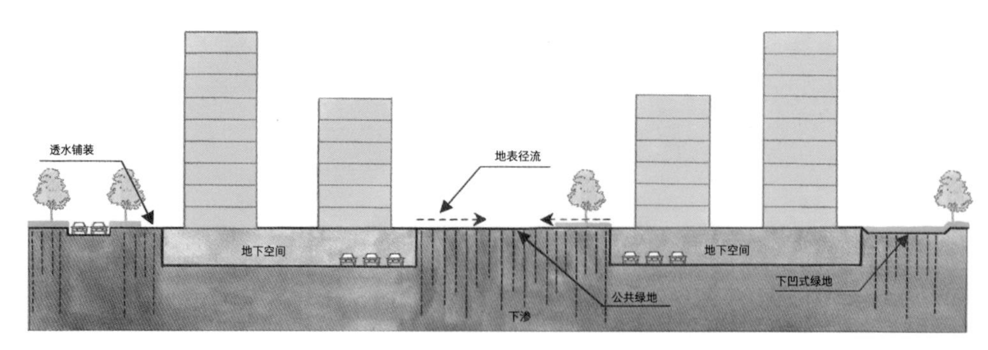

图 2-19　地下空间开发与雨水自然渗透示意

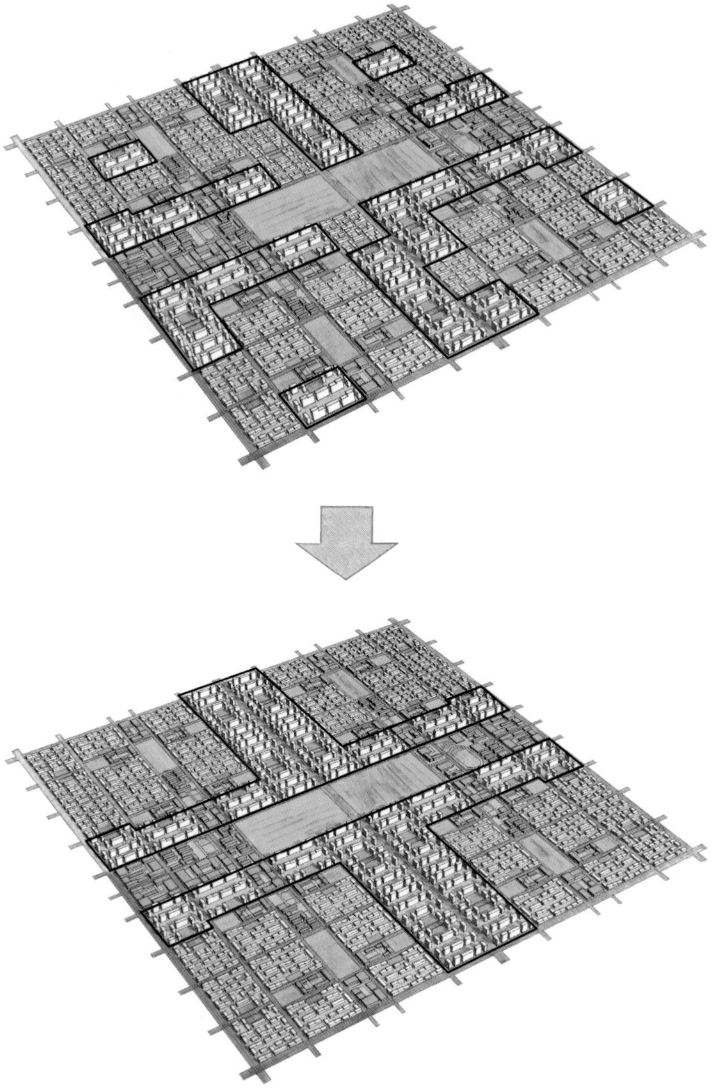

图 2-20 建筑形态从无序到有序控制示意

符合城市设计要求

居住用地是城市建设用地中占比最大的用地类型，因此，住宅建筑是对城市风貌影响较大的建筑类型。居住区规划建设应符合所在地城市设计对公共空间、建筑群体、园林景观、市政等环境设施的有关控制要求，塑造特色、优化形态、集约用地。没有城市设计指引的建设项目应运用城市设计的方法，研究并有效控制居住区的公共空间系统、绿地景观系统以及建筑高度、体量、风格、色彩等，创造宜居生活空间，提升城市环境质量。

符合专项规划要求

居住区规划建设应延续城市的历史文脉、保护历史文化遗产并与传统风貌相协调。特别是在旧区进行居住区规划建设，应符合《中华人民共和国城乡规划法》第三十一条的规定，遵守历史文化遗产保护的基本原则并与传统风貌相协调；涉及历史城区、历史文化街区、文物保护单位及历史建筑的居住区规划建设项目，必须遵守有关保护规划的保护与建设控制规定。

历史文化街区内的居住区规划建设，应以保护为前提。在核心保护范围内：不得擅自改变街区空间格局和建筑原有的立面、色彩；限制新建、扩建活动，对现有建筑进行改建时，应当保持或者恢复其历史文化风貌；不得擅自新建、扩建道路，对现有道路进行改建时，应当保持或者恢复其原有的道路格局和景观特征。在建设控制地带内：新建、扩建、改建建筑时，应当在高度、体量、色彩等方面与历史风貌相协调；新建、扩建、改建道路时，不得破坏传统格局和历史风貌。

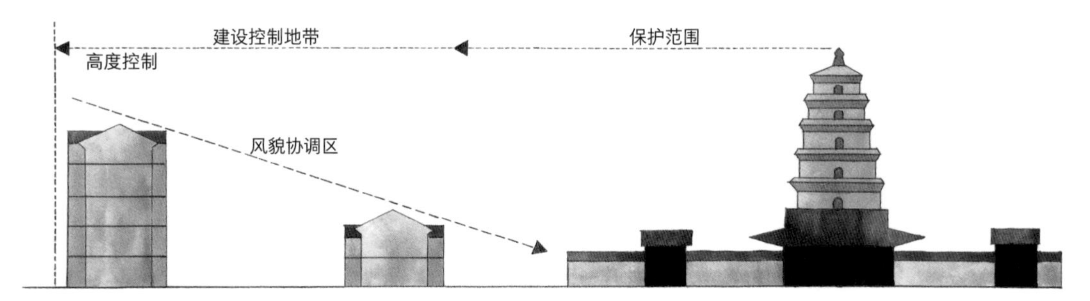

图 2-21　历史保护地区建设控制示意

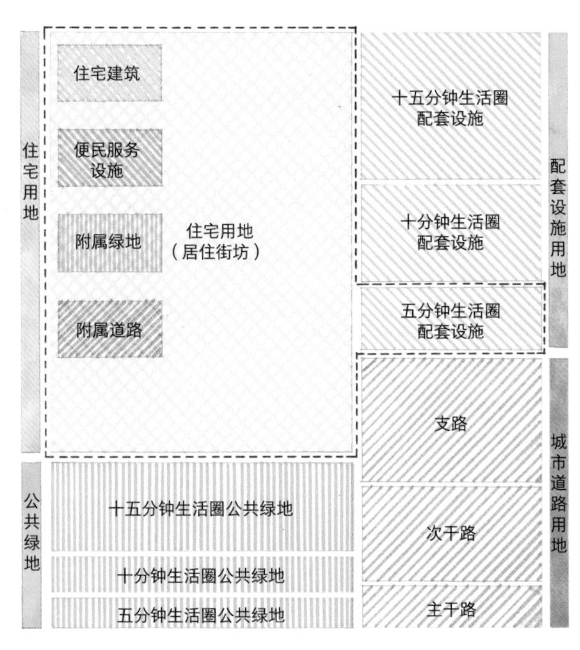

图 2-22 《标准》生活圈居住区用地构成示意

注：虚线范围为居住用地包括的内容。

符合法规标准

规划前提 / 相关标准

遵循相关法规和上位法定规划

居住区规划建设应遵循《中华人民共和国城乡规划法》提出的“合理布局、节约土地、集约发展和先规划后建设的原则，改善生态环境，促进资源、能源节约和综合利用，保护耕地等自然资源和历史文化遗产，保持地方特色、民族特色和传统风貌，防止污染和其他公害，并符合区域人口发展、国防建设、防灾减灾和公共卫生、公共安全的需要”。

居住区的规划设计及相关建设行为应符合上位法定规划。

《标准》删除了《规范》竖向和管线综合两章有关技术内容，同时明确了居住区规划建设有关工程管线综合及用地竖向设计等技术内容应符合相关技术规范或标准的规定与要求。

符合《用地分类标准》

《用地分类标准》中居住用地是指住宅和相应服务设施的用地，其中相应服务设施是指居住小区及小区级以下的服务设施用地。《标准》对接《用地分类标准》，将居住区中住宅用地和五分钟生活圈配套设施的用地对应为居住用地。其中，五分钟生活圈配套设施也称社区服务设施，主要包括养老、托幼、社区服务、文化体育、社区卫生服务、社区商业等，不包括中小学用地。

符合《城市工程管线综合规划规范》

根据《城市工程管线综合规划规范》GB 50289-2016，居住区应满足的城市工程管线综合规划要求如下：

（1）工程管线应按规划道路网布置；

（2）工程管线综合规划应充分利用现状管线及线位；

（3）工程管线应避开地震断裂带、沉陷区以及滑坡危险地带等不良地质条件区。

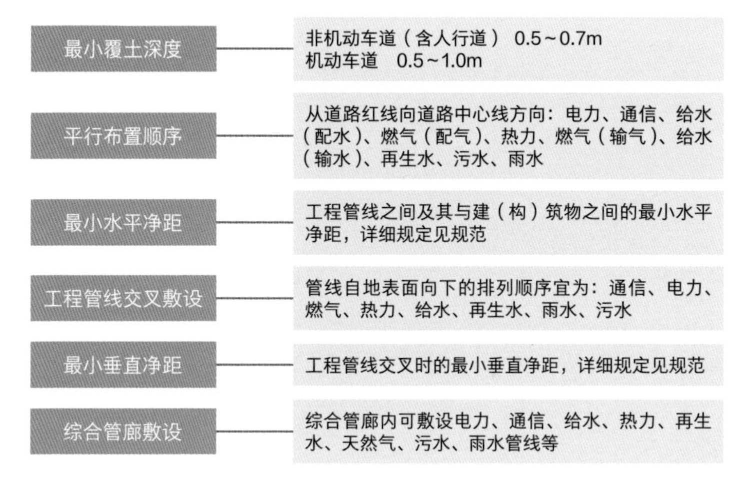

图 2-23 工程管线综合规划控制要点

资料来源：《城市工程管线综合规划规范》GB 50289-2016

符合《城乡建设用地竖向规划规范》

根据《城乡建设用地竖向规划规范》CJJ 83-2016，居住区应满足的城乡建设用地竖向规划要求如下：

（1）低影响开发的要求；

（2）城乡道路、交通运输的技术要求和利用道路路面纵坡排除超标雨水的要求；

（3）各项工程建设场地及工程管线敷设高程的要求；

（4）建筑布置及景观塑造的要求；

（5）城市排水防涝、防洪以及安全保护、水土保持的要求；

（6）历史文化保护的要求；

（7）周边地区竖向衔接的要求。

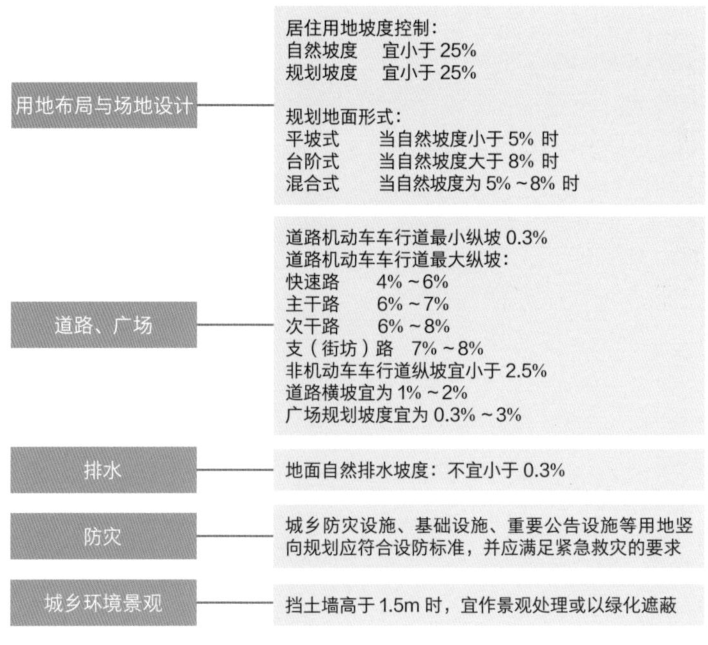

图 2-24 城乡建设用地竖向规划控制要点

资料来源：《城乡建设用地竖向规划规范》CJJ 83-2016

对接《建筑气候区划标准》

我国地域辽阔陆地面积 960 万 km^2，南北跨纬度近 50° ，大部分在温带，南部小部分在热带，全域分属于 7 个一级建筑气候区。我国为多民族国家，不同地域聚居形成不同的地方特色、文化习俗，在建筑空间形态上呈现出不同的地域风格。由于人口分布不均衡、土地资源利用程度不同、生态环境各异、地理气候多样等原因，区域经济发展存在很大差异。

进行居住区规划建设时，要充分结合所在城市的地理位置、建筑气候分区、现状用地条件及社会经济发展水平、地方特色、文化习俗等特点与条件，对建筑布局、住宅间距、日照标准、人口和建筑密度、道路、配套设施和居住环境等各种规划要素综合考虑，因地制宜，体现地域差异性，利用和强化已有特点，为整体提高居住区规划建设水平创造条件。

居住区所属的建筑气候区划应符合《建筑气候区划标准》GB 50178-93 的规定。建筑气候的区划系统分为一级区和二级区两级，一级区划主要根据全国范围内对建筑有决定性影响的气候因素来拟定，以 1 月平均气温、7 月平均气温、7 月平均相对湿度为主要指标；以年降水量、年日平均气温低于或等于 5℃的日数和年日平均气温高于或等于 25℃的日数为辅助指标而划分 7 个一级区。在各一级区内，分别选取能反映该区建筑气候差异性的气候参数或特征作为二级区区划指标，划分为 20 个二级区。《标准》仍延续《规范》采用《建筑气候区划标准》GB 50178—93 中七个一级建筑气候区的规定。

建筑气候区一级区区划指标　　表 2-5

区名	主要指标	辅助指标	各区辖行政区范围
I	1 月平均气温≤ -10℃ 7 月平均气温≤ 25℃ 7 月平均相对湿度≥ 50%	年降水量 200 ~ 800mm 年日平均气温≤ 5℃的日数≥ 145d	黑龙江、吉林全境；辽宁大部；内蒙中、北部及陕西、山西、河北、北京北部的部分地区
II	1 月平均气温 -10 ~ 0℃ 7 月平均气温 18 ~ 28℃	年日平均气温≥ 25℃的日数 <80d 年日平均气温≤ 5℃的日数 145 ~ 90d	天津、山东、宁夏全境；北京、河北、山西、陕西大部；辽宁南部；甘肃中东部以及河南、安徽、江苏北部的部分地区
III	1 月平均气温 0 ~ 10℃ 7 月平均气温 25 ~ 30℃	年日平均气温≥ 25℃的日数 40 ~ 110d 年日平均气温≤ 5℃的日数 90 ~ 0d	上海、浙江、江西、湖北、湖南全境；江苏、安徽、四川大部；陕西、河南南部；贵州东部；福建、广东、广西北部和甘肃南部的部分地区
IV	1 月平均气温 >10℃ 7 月平均气温 25 ~ 29℃	年日平均气温≥ 25℃的日数 100 ~ 200d	海南、中国台湾全境；福建南部；广东、广西大部以及云南西部和无江河谷地区
V	7 月平均气温 18 ~ 25℃ 1 月平均气温 0 ~ 13℃	年日平均气温≤ 5℃的日数 0 ~ 90d	云南大部；贵州、四川西南部；西藏南部一小部分地区
VI	7 月平均气温 <18℃ 1 月平均气温 0 ~ -22℃	年日平均气温≤ 5℃的日数 90 ~ 285d	青海全境；西藏大部；四川西部、甘肃西南部；新疆南部部分地区
VII	7 月平均气温≥ 18℃ 1 月平均气温 -5 ~ -20℃ 7 月平均相对湿度 <50%	年降水量 10 ~ 600mm 年日平均气温≥ 25℃的日数 <120d 年日平均气温≤ 5℃的日数 110 ~ 180d	新疆大部；甘肃北部；内蒙西部

资料来源：《建筑气候区划标准》GB 50178-93

条文解读

4
用地与建筑

Land Use and Buildings

Provision Interpretations

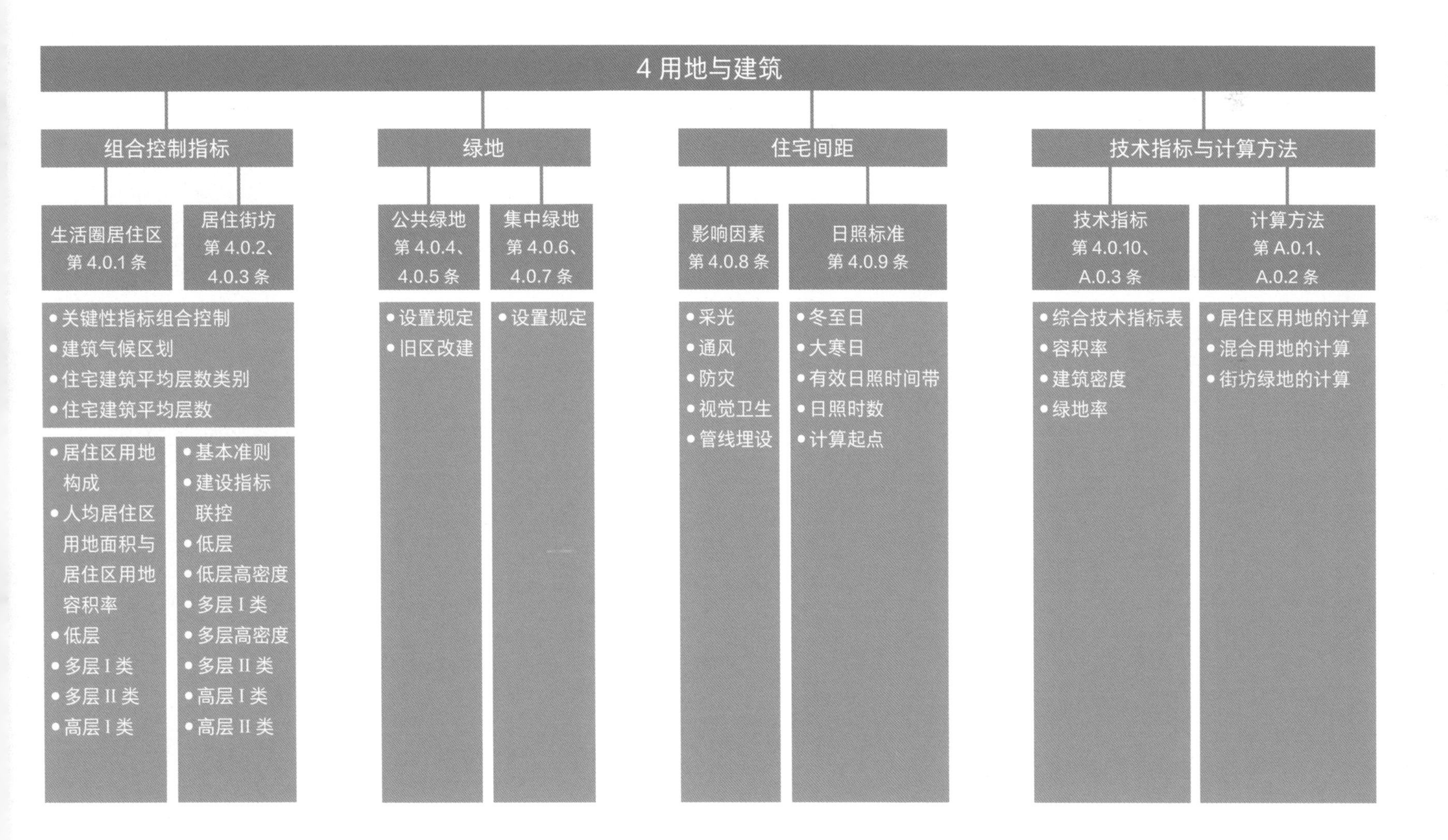

4 用地与建筑
组合控制指标
绿地
住宅间距
技术指标与计算方法
生活圈居住区
第 4.0.1 条
居住街坊
第 4.0.2、
4.0.3 条
公共绿地
第 4.0.4、
4.0.5 条
集中绿地
第 4.0.6、
4.0.7 条
影响因素
第 4.0.8 条
日照标准
第 4.0.9 条
技术指标
第 4.0.10、
A.0.3 条
计算方法
第 A.0.1、
A.0.2 条
• 关键性指标组合控制
• 建筑气候区划
• 住宅建筑平均层数类别
• 住宅建筑平均层数
• 居住区用地构成
• 人均居住区用地面积与居住区用地容积率
• 低层
• 多层 I 类
• 多层 II 类
• 高层 I 类
• 基本准则
• 建设指标联控
• 低层
• 低层高密度
• 多层 I 类
• 多层高密度
• 多层 II 类
• 高层 I 类
• 高层 II 类
• 设置规定
• 旧区改建
• 设置规定
• 采光
• 通风
• 防灾
• 视觉卫生
• 管线埋设
• 冬至日
• 大寒日
• 有效日照时间带
• 日照时数
• 计算起点
• 综合技术指标表
• 容积率
• 建筑密度
• 绿地率
• 居住区用地的计算
• 混合用地的计算
• 街坊绿地的计算

《标准》条文

用地与建筑

4.0.1 各级生活圈居住区用地应合理配置、适度开发，其控制指标应符合下列规定：

1 十五分钟生活圈居住区用地控制指标应符合表 4.0.1-1 的规定；

2 十分钟生活圈居住区用地控制指标应符合表 4.0.1-2 的规定；

3 五分钟生活圈居住区用地控制指标应符合表 4.0.1-3 的规定。

十五分钟生活圈居住区用地控制指标　　表 4.0.1-1

建筑气候区划	住宅建筑平均层数类别	人均居住区用地面积（m^2/人）	居住区用地容积率	居住区用地构成（%）				
				住宅用地	配套设施用地	公共绿地	城市道路用地	合计
Ⅰ、Ⅶ	多层Ⅰ类（4层~6层）	40 ~ 54	0.8 ~ 1.0	58 ~ 61	12 ~ 16	7 ~ 11	15 ~ 20	100
Ⅱ、Ⅵ		38 ~ 51	0.8 ~ 1.0					
Ⅲ、Ⅳ、Ⅴ		37 ~ 48	0.9 ~ 1.1					
Ⅰ、Ⅶ	多层Ⅱ类（7层~9层）	35 ~ 42	1.0、1.1	52 ~ 58	13 ~ 20	9 ~ 13	15 ~ 20	100
Ⅱ、Ⅵ		33 ~ 41	1.0 ~ 1.2					
Ⅲ、Ⅳ、Ⅴ		31 ~ 39	1.1 ~ 1.3					
Ⅰ、Ⅶ	高层Ⅰ类（10层~18层）	28 ~ 38	1.1 ~ 1.4	48 ~ 52	16 ~ 23	11 ~ 16	15 ~ 20	100
Ⅱ、Ⅵ		27 ~ 36	1.2 ~ 1.4					
Ⅲ、Ⅳ、Ⅴ		26 ~ 34	1.2 ~ 1.5					

注：居住区用地容积率是生活圈内，住宅建筑及其配套设施地上建筑面积之和与居住区用地总面积的比值。

十分钟生活圈居住区用地控制指标

表 4.0.1-2

建筑气候区划	住宅建筑平均层数类别	人均居住区用地面积（m²/人）	居住区用地容积率	居住区用地构成（%）				
				住宅用地	配套设施用地	公共绿地	城市道路用地	合计
Ⅰ、Ⅶ	低层（1层~3层）	49 ~ 51	0.7、0.8	71 ~ 73	5 ~ 8	4 ~ 5	15 ~ 20	100
Ⅱ、Ⅵ		45 ~ 51	0.8、0.9					
Ⅲ、Ⅳ、Ⅴ		42 ~ 51	0.8、0.9					
Ⅰ、Ⅶ	多层Ⅰ类（4层~6层）	35 ~ 47	0.8 ~ 1.1	68 ~ 70	8 ~ 9	4 ~ 6	15 ~ 20	100
Ⅱ、Ⅵ		33 ~ 44	0.9 ~ 1.1					
Ⅲ、Ⅳ、Ⅴ		32 ~ 41	0.9 ~ 1.2					
Ⅰ、Ⅶ	多层Ⅱ类（7层~9层）	30 ~ 35	1.1、1.2	64 ~ 67	9 ~ 12	6 ~ 8	15 ~ 20	100
Ⅱ、Ⅵ		28 ~ 33	1.2、1.3					
Ⅲ、Ⅳ、Ⅴ		26 ~ 32	1.2 ~ 1.4					
Ⅰ、Ⅶ	高层Ⅰ类（10层~18层）	23 ~ 31	1.2 ~ 1.6	60 ~ 64	12 ~ 14	7 ~ 10	15 ~ 20	100
Ⅱ、Ⅵ		22 ~ 28	1.3 ~ 1.7					
Ⅲ、Ⅳ、Ⅴ		21 ~ 27	1.4 ~ 1.8					

注：居住区用地容积率是生活圈内，住宅建筑及其配套设施地上建筑面积之和与居住区用地总面积的比值。

五分钟生活圈居住区用地控制指标

表 4.0.1-3

建筑气候区划	住宅建筑平均层数类别	人均居住区用地面积（m²/人）	居住区用地容积率	居住区用地构成（%）				
				住宅用地	配套设施用地	公共绿地	城市道路用地	合计
Ⅰ、Ⅶ	低层（1层~3层）	46 ~ 47	0.7、0.8	76 ~ 77	3 ~ 4	2 ~ 3	15 ~ 20	100
Ⅱ、Ⅵ		43 ~ 47	0.8、0.9					
Ⅲ、Ⅳ、Ⅴ		39 ~ 47	0.8、0.9					
Ⅰ、Ⅶ	多层Ⅰ类（4层~6层）	32 ~ 43	0.8 ~ 1.1	74 ~ 76	4 ~ 5	2 ~ 3	15 ~ 20	100
Ⅱ、Ⅵ		31 ~ 40	0.9 ~ 1.2					
Ⅲ、Ⅳ、Ⅴ		29 ~ 37	1.0 ~ 1.2					
Ⅰ、Ⅶ	多层Ⅱ类（7层~9层）	28 ~ 31	1.2、1.3	72 ~ 74	5 ~ 6	3 ~ 4	15 ~ 20	100
Ⅱ、Ⅵ		25 ~ 29	1.2 ~ 1.4					
Ⅲ、Ⅳ、Ⅴ		23 ~ 28	1.3 ~ 1.6					
Ⅰ、Ⅶ	高层Ⅰ类（10层~18层）	20 ~ 27	1.4 ~ 1.8	69 ~ 72	6 ~ 8	4 ~ 5	15 ~ 20	100
Ⅱ、Ⅵ		19 ~ 25	1.5 ~ 1.9					
Ⅲ、Ⅳ、Ⅴ		18 ~ 23	1.6 ~ 2.0					

注：居住区用地容积率是生活圈内，住宅建筑及其配套设施地上建筑面积之和与居住区用地总面积的比值。

《标准》条文

用地与建筑

4.0.2 居住街坊用地与建筑控制指标应符合表 4.0.2 的规定。

居住街坊用地与建筑控制指标　　表 4.0.2

建筑气候区划	住宅建筑平均层数类别	住宅用地容积率	建筑密度最大值（%）	绿地率最小值（%）	住宅建筑高度控制最大值（m）	人均住宅用地面积最大值（m^2/人）
Ⅰ、Ⅶ	低层（1层~3层）	1.0	35	30	18	36
	多层Ⅰ类（4层~6层）	1.1~1.4	28	30	27	32
	多层Ⅱ类（7层~9层）	1.5~1.7	25	30	36	22
	高层Ⅰ类（10层~18层）	1.8~2.4	20	35	54	19
	高层Ⅱ类（19层~26层）	2.5~2.8	20	35	80	13
Ⅱ、Ⅵ	低层（1层~3层）	1.0、1.1	40	28	18	36
	多层Ⅰ类（4层~6层）	1.2~1.5	30	30	27	30
	多层Ⅱ类（7层~9层）	1.6~1.9	28	30	36	21
	高层Ⅰ类（10层~18层）	2.0~2.6	20	35	54	17
	高层Ⅱ类（19层~26层）	2.7~2.9	20	35	80	13
Ⅲ、Ⅳ、Ⅴ	低层（1层~3层）	1.0~1.2	43	25	18	36
	多层Ⅰ类（4层~6层）	1.3~1.6	32	30	27	27
	多层Ⅱ类（7层~9层）	1.7~2.1	30	30	36	20
	高层Ⅰ类（10层~18层）	2.2~2.8	22	35	54	16
	高层Ⅱ类（19层~26层）	2.9~3.1	22	35	80	12

注：1 住宅用地容积率是居住街坊内，住宅建筑及其便民服务设施地上建筑面积之和与住宅用地总面积的比值；
2 建筑密度是居住街坊内，住宅建筑及其便民服务设施建筑基底面积与该居住街坊用地面积的比率（%）；
3 绿地率是居住街坊内绿地面积之和与该居住街坊用地面积的比率（%）。

4.0.3 当住宅建筑采用低层或多层高密度布局形式时，居住街坊用地与建筑控制指标应符合表 4.0.3 的规定。

低层或多层高密度居住街坊用地与建筑控制指标　　表 4.0.3

建筑气候区划	住宅建筑层数类别	住宅用地容积率	建筑密度最大值（%）	绿地率最小值（%）	住宅建筑高度控制最大值（m）	人均住宅用地面积（m^2/人）
Ⅰ、Ⅶ	低层（1层~3层）	1.0、1.1	42	25	11	32~36
	多层Ⅰ类（4层~6层）	1.4、1.5	32	28	20	24~26
Ⅱ、Ⅵ	低层（1层~3层）	1.1、1.2	47	23	11	30~32
	多层Ⅰ类（4层~6层）	1.5~1.7	38	28	20	21~24
Ⅲ、Ⅳ、Ⅴ	低层（1层~3层）	1.2、1.3	50	20	11	27~30
	多层Ⅰ类（4层~6层）	1.6~1.8	42	25	20	20~22

注：1 住宅用地容积率是居住街坊内，住宅建筑及其便民服务设施地上建筑面积之和与住宅用地总面积的比值；
2 建筑密度是居住街坊内，住宅建筑及其便民服务设施建筑基底面积与该居住街坊用地面积的比率（%）；
3 绿地率是居住街坊内绿地面积之和与该居住街坊用地面积的比率（%）。

4.0.4 新建各级生活圈居住区应配套规划建设公共绿地，并应集中设置具有一定规模，且能开展休闲、体育活动的居住区公园；公共绿地控制指标应符合表 4.0.4 的规定。

公共绿地控制指标　　表 4.0.4

类别	人均公共绿地面积（m^2/人）	居住区公园		备注
		最小规模（hm^2）	最小宽度（m）	
十五分钟生活圈居住区	2.0	5.0	80	不含十分钟生活圈及以下级居住区的公共绿地指标
十分钟生活圈居住区	1.0	1.0	50	不含五分钟生活圈及以下级居住区的公共绿地指标
五分钟生活圈居住区	1.0	0.4	30	不含居住街坊的绿地指标

注：居住区公园中应设置 10%～15% 的体育活动场地。

4.0.5 当旧区改建确实无法满足表 4.0.4 的规定时，可采取多点分布以及立体绿化等方式改善居住环境，但人均公共绿地面积不应低于相应控制指标的 70%。

4.0.6 居住街坊内的绿地应结合住宅建筑布局设置集中绿地和宅旁绿地；绿地的计算方法应符合本标准附录 A 第 A.0.2 条的规定。

4.0.7 居住街坊内集中绿地的规划建设，应符合下列规定：

1 新区建设不应低于 0.50m^2/ 人，旧区改建不应低于 0.35m^2/ 人；

2 宽度不应小于 8m；

3 在标准的建筑日照阴影线范围之外的绿地面积不应少于 1/3，其中应设置老年人、儿童活动场地。

4.0.8 住宅建筑与相邻建、构筑物的间距应在综合考虑日照、采光、通风、管线埋设、视觉卫生、防灾等要求的基础上统筹确定，并应符合现行国家标准《建筑设计防火规范》GB 50016 的有关规定。

4.0.9 住宅建筑的间距应符合表 4.0.9 的规定；对特定情况，还应符合下列规定：

1 老年人居住建筑日照标准不应低于冬至日日照时数 2h；

2 在原设计建筑外增加任何设施不应使相邻住宅原有日照标准降低，既有住宅建筑进行无障碍改造加装电梯除外；

3 旧区改建项目内新建住宅建筑日照标准不应低于大寒日日照时数 1h。

住宅建筑日照标准　　表 4.0.9

建筑气候区划	Ⅰ、Ⅱ、Ⅲ、Ⅶ 气候区		Ⅳ 气候区		Ⅴ、Ⅵ 气候区
城区常住人口（万人）	≥ 50	< 50	≥ 50	< 50	无限定
日照标准日	大寒日			冬至日	
日照时数（h）	≥ 2	≥ 3		≥ 1	
有效日照时间带（当地真太阳时）	8 时～16 时			9 时～15 时	
计算起点	底层窗台面				

注：底层窗台面是指距室内地坪 0.9m 高的外墙位置。

4.0.10 居住区规划设计应汇总重要的技术指标，并应符合本标准附录 A 第 A.0.3 条的规定。

概述

城市中约 1/3 的建设用地用于居住，科学规划和管理好居住用地，可以更好地支撑和规范城市规划编制工作，为后续的建设行为提供更加合理的规划要求和设计条件。《标准》以“居住生活环境宜居适度，科学合理、经济有效地利用土地和空间”为原则，立足落实目标、解决问题，提出关键技术指标，引导居住区科学规划、合理开发、提升品质、健康发展。

“用地与建筑”是《标准》中涉及居住区规划建设关键性要素最多、控制指标最多、强制性条文最多的一章；共 10 个条文，其中 5 个是强制性条文，主要包括用地与建筑控制指标、绿地控制指标和住宅建筑日照标准等内容。该章紧密结合居住区规划设计以及规划管理最关键、最常用的控制要素和指标进行了规定，通过 26 项指标，明确了各级生活圈居住区的用地构成及控制指标、居住街坊的核心控制指标以及住宅建筑采取低层和多层高密度布局形式时的控制指标，明确了各级生活圈居住区配建公共绿地及其设置规定、旧区改建公共绿地的控制规定，规定了居住街坊设置集中绿地的控制规定及其计算方法，明确了住宅建筑间距控制应遵循的基本原则和日照标准，提出了居住区综合技术指标表等重要技术内容。

为保障居住区宜居适度的居住环境，《标准》针对不同气候区的生活圈居住区和居住街坊，提供了更加有助于准确表达规划意图、有利于精细化管理的组合控制指标，让规划建设在刚性中兼顾弹性，从而实现城市整体空间形态的有效控制和优化；加强了居住街坊住宅用地容积率、建筑密度、绿地率以及住宅建筑平均层数、高度控制等关键控制要素的关联性，并同时增加了低层高密度和多层高密度的控制指标选择，对于丰富我国居住空间形态、降低住宅高度、适应特定地区（如旧城保护地区、历史文化街区等）街区肌理和空间形态具有非常重要的意义。

《标准》以塑造更加人性化的生活空间为目标，为优化空间形态、提升居住品质、塑造城市风貌，提供了科学可量化、易用可实施的规划设计技术支撑。

组合控制指标

生活圈居住区 / 居住街坊

关键性指标组合控制

《标准》对应生活圈居住区，建立了包含住宅建筑平均层数、人均居住区用地面积、居住区用地容积率、居住区用地构成、建筑气候区划等相关要素的组合控制指标，以一张表格表达控制要求，实现指标联控；对居住区的开发强度提出了限制要求。《标准》不鼓励高强度开发居住用地及大面积建设高层住宅建筑，并对居住街坊的住宅用地容积率、住宅建筑控制高度提出了较为适宜的控制范围。同时，针对《规范》存在的对住宅建筑低层高密度或多层高密度的建筑空间形态的指标屏蔽问题，进一步调整组合控制指标，丰富了城市、特别是城市中心地区的居住区空间形态，满足居住区用地与建筑指标的精细化管控要求。

容积率
L 平均层数 13 12 11 10 9 8 7 6
3.50
3.00
2.50
2.00
1.50
1.00
0.50
0.00
0.00 0.10 0.20 0.30 0.40 0.50 覆盖率
5
4
开放空间率
0.25
中心城市
0.37
城市
0.60
郊区
0.75
乡村
1.00
1.50
2.00
3.00

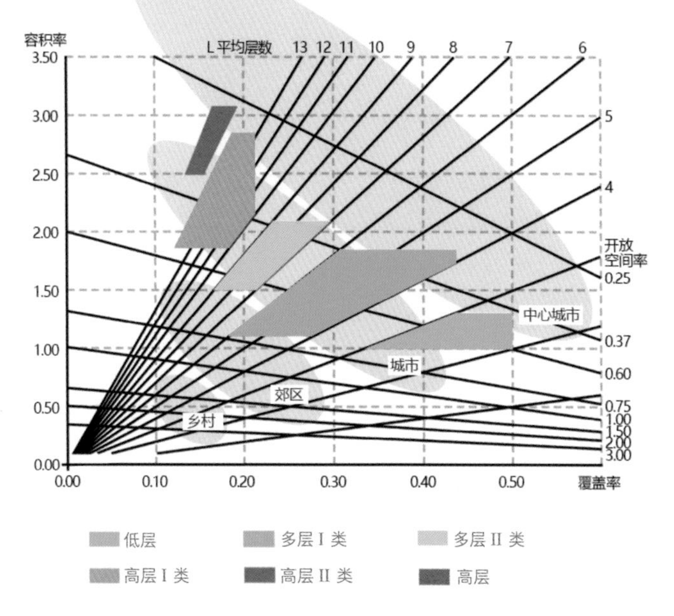

图 2-25 《规范》与《标准》指标控制和形态关系的比较

图 2-26 低、多层高密度住宅形态肌理示意

建筑气候区划

由于日照角度的不同，生活圈居住区的用地与建筑控制指标与其所在纬度关系紧密。

在相同的日照标准下，纬度越高，则住宅建筑满足日照标准所需的日照间距越大，因此相同层数情况下，纬度高的地区住宅用地容积率相对低，人均占地相对大。也就是说，纬度与用地、建筑控制指标直接相关。《标准》将七类气候分区按纬度进行了新的归类，即Ⅰ、Ⅶ气候区为一类，Ⅱ、Ⅵ气候区为一类，Ⅲ、Ⅳ、Ⅴ气候区为一类。

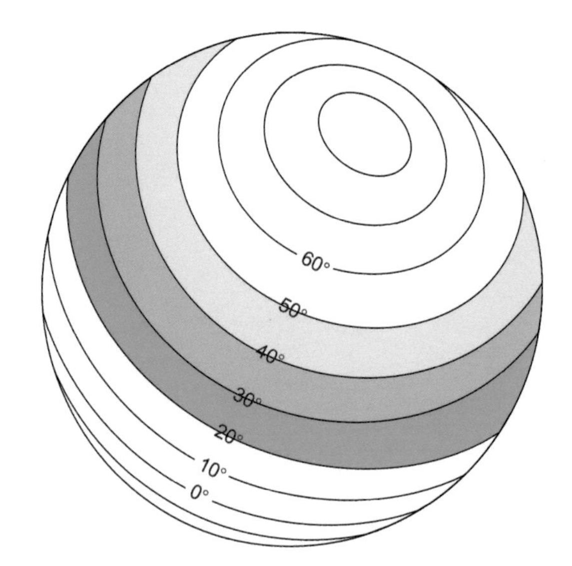

图 2-27　纬度示意

注：Ⅰ、Ⅶ 气候区主要集中在北纬 40°～50° 区间，代表城市包括乌鲁木齐、呼和浩特、沈阳等。
Ⅱ、Ⅵ 气候区主要集中在北纬 30°～40° 区间，代表城市包括北京、天津、西安等。
Ⅲ、Ⅳ、Ⅴ 气候区主要集中在北纬 20°～30° 区间，代表城市包括广州、南宁、昆明等。

住宅建筑平均层数类别

生活圈居住区的用地与建筑控制指标与住宅建筑层数关系紧密。住宅建筑平均层数类别是指住宅建筑平均层数所处的区间值对应的高度类别，《标准》分为低层、多层Ⅰ类、多层Ⅱ类、高层Ⅰ类和高层Ⅱ类5个高度类别。

住宅建筑层数类别的划分，对接了《建筑设计防火规范》GB 50016-2014 和《建筑抗震设计规范》GB 50011-2010。

对于高层住宅，涉及 54m（一般对应 18 层）和 80m（一般对应 26 层）两个关键门槛，前者是《建筑设计防火规范》GB 50016-2014 中规定的防火等级变化的临界高度值，后者是《建筑抗震规范》GB 50011-2010 中规定的抗震等级变化的临界高度值。

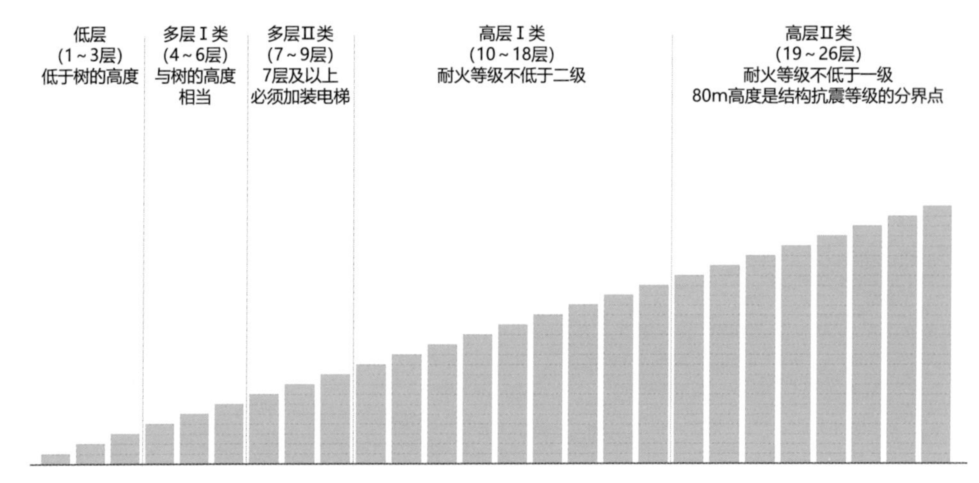

图 2-28　住宅建筑平均层数分类

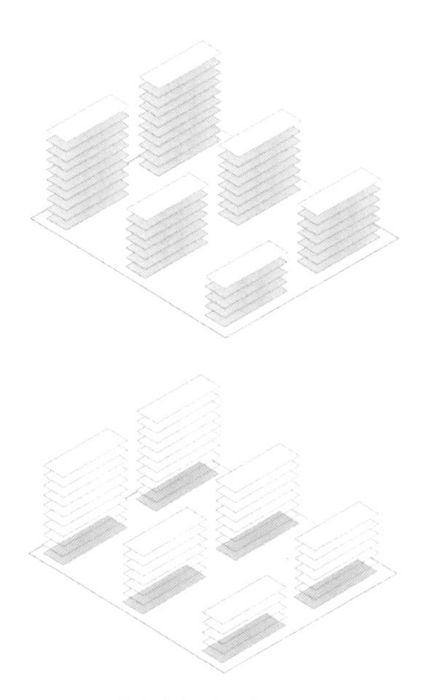

图 2-29 住宅建筑平均层数

住宅建筑平均层数

住宅建筑平均层数是一定范围内住宅建筑总建筑面积与住宅基底面积的比值。

总体上，《标准》加强了对住宅建筑高度的约束，一是出于应急防灾、消防救援、防疫管理等的安全方面的考虑；二是考虑宜居、风貌等因素；三是我国城市建设用地的供给整体上看不需要建设过高的住宅即可满足实际需求。

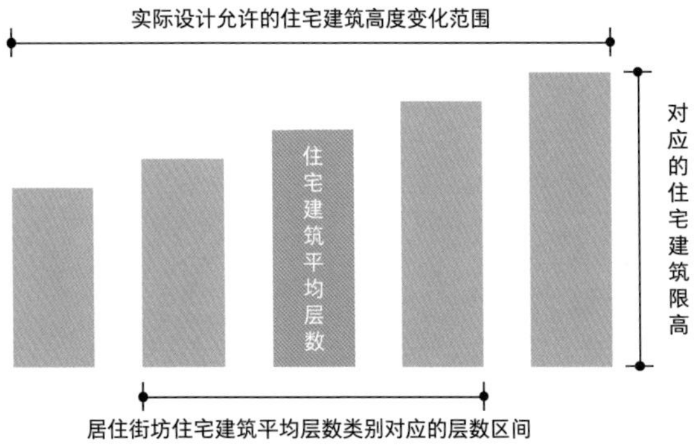

实际设计允许的住宅建筑高度变化范围

住宅建筑平均层数

对应的住宅建筑限高

居住街坊住宅建筑平均层数类别对应的层数区间

图 2-30 对于居住街坊，住宅建筑平均层数、住宅建筑平均层数类别、住宅建筑高度控制最大值（限高）以及实际允许的住宅建筑高度范围的关系示意

需要说明的是，除低层、多层高密度居住街坊外，在居住街坊内，单幢或局部住宅建筑的高度是允许低于或高于住宅建筑平均层数类别的层数区间的，但高度不能超过对应的限高控制要求，只要街坊的整体平均层数在类别区间内即可。因此，高度的约束并不一定必然带来“一样高”的结果，而是在适度的范围内给住宅建筑留有高低错落的设计空间。

组合控制指标

生活圈居住区

居住区用地构成

居住区用地构成是指住宅用地、配套设施用地、公共绿地和城市道路用地占居住区总用地的比值，表 2-6 中是不同生活圈四类用地构成的相互关系及其合理的变化区间。四类用地比例之和只能是 100%。

配套设施及公共绿地是按三个生活圈居住区进行级配的，生活圈层级越高，配套设施用地及公共绿地的占比也越高。同时，层数越高，单位用地上居住的人口也相对越多，所需的配套设施和公共绿地也越多。住宅用地的比例在高纬度地区偏向指标区间的高值，配套设施用地和公共绿地的比例偏向指标的低值；低纬度地区相反。城市道路的比例基本上和居住区的区位有关系，和生活圈的层级关系不大。

三个生活圈居住区的用地构成指标　　表 2-6

生活圈居住区类别	住宅建筑平均层数类别	居住区用地构成（%）				
		住宅用地	配套设施用地	公共绿地	城市道路用地	合计
十五分钟	低层（1～3层）	—	—	—	—	—
十分钟		71～73	5～8	4～5	15～20	100
五分钟		76～77	3～4	2～3	15～20	100
十五分钟	多层Ⅰ类（4～6层）	58～61	12～16	7～11	15～20	100
十分钟		68～70	8～9	4～6	15～20	100
五分钟		74～76	4～5	2～3	15～20	100
十五分钟	多层Ⅱ类（7～9层）	52～58	13～20	9～13	15～20	100
十分钟		64～67	9～12	6～8	15～20	100
五分钟		72～74	5～6	3～4	15～20	100
十五分钟	高层Ⅰ类（10～18层）	48～52	16～23	11～16	15～20	100
十分钟		60～64	12～14	7～10	15～20	100
五分钟		69～72	6～8	4～5	15～20	100

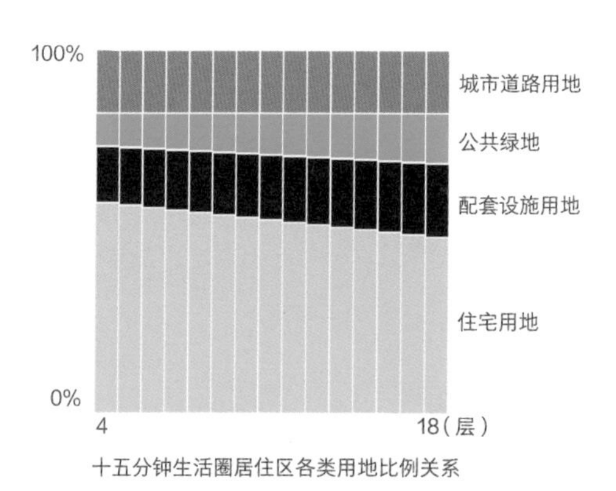

十五分钟生活圈居住区各类用地比例关系

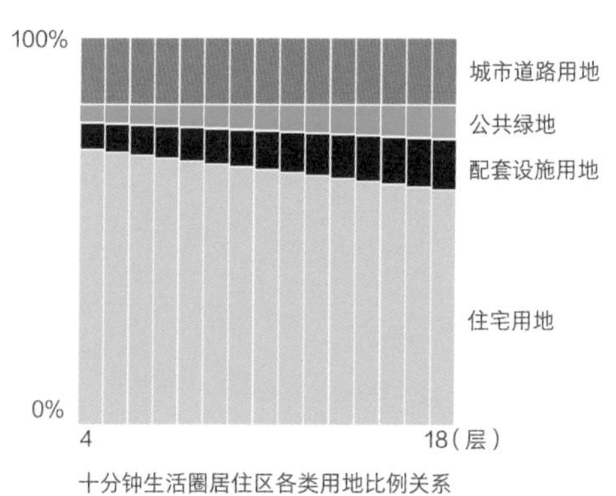

十分钟生活圈居住区各类用地比例关系

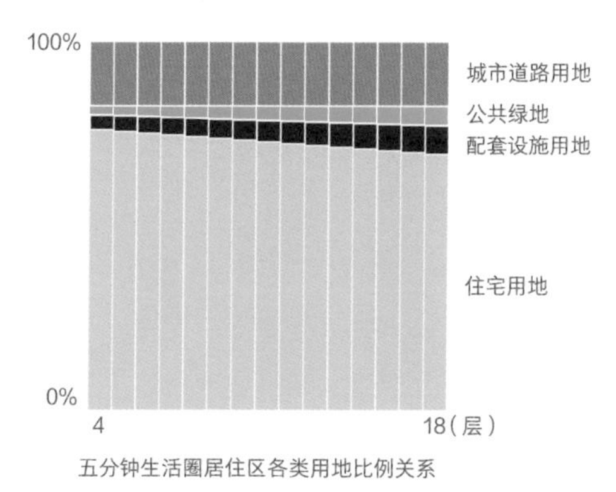

五分钟生活圈居住区各类用地比例关系

图 2-31　各级生活圈居住区各类用地比例与平均层数的变化关系

人均居住区用地面积与居住区用地容积率

日照间距与纬度直接相关。纬度越高，相同高度的住宅所要求的日照间距越大，其占地也越大，容积率相应越低。因此，纬度对居住区用地指标有直接影响。

居住区用地容积率是生活圈内，住宅建筑及其配套设施地上建筑面积之和与居住区用地总面积的比值。其中各级生活圈的居住区用地包含了住宅用地、配套设施用地、公共绿地和城市道路用地，因此生活圈居住区用地的容积率不会是很高的数值，通常对应的是毛容积率的概念。城市规划可以依据十五分钟生活圈居住区为管理单位划分居住用地开发强度分区，从而预测建设规模与人口规模，合理配套相应的基础设施和公共服务设施。应该特别注意的是，在实际使用《标准》时，应根据项目规模选择对应规模的控制指标，如在编制控制性详细规划或出具规划许可发放规划设计条件时，应结合项目实际规模选用《标准》中对应规模的生活圈居住区或居住街坊的控制指标，即如果是 $15hm^2$ 的建设项目，则应该使用五分钟生活圈居住区的控制指标；如果是 $3hm^2$ 的建设项目，则应该使用居住街坊的控制指标。

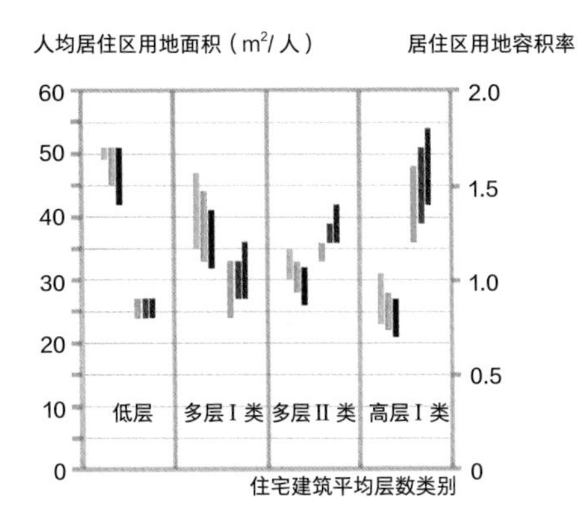

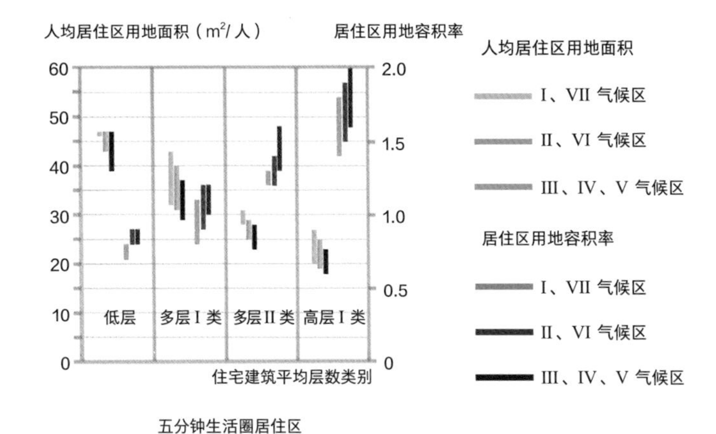

图 2-32　不同气候区各级生活圈居住区用地控制指标的相互关系

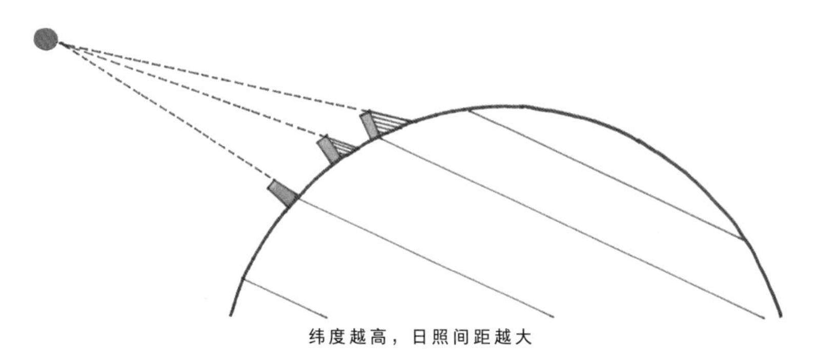

图 2-33　日照间距与纬度的关系

人均居住区用地面积与居住区用地容积率

生活圈居住区人均用地面积与居住区用地容积率控制指标　　表 2-7

建筑气候区划	住宅建筑平均层数类别	十五分钟生活圈居住区		十分钟生活圈居住区		五分钟生活圈居住区	
		人均居住区用地面积（m^2/人）	居住区用地容积率	人均居住区用地面积（m^2/人）	居住区用地容积率	人均居住区用地面积（m^2/人）	居住区用地容积率
Ⅰ、Ⅶ	低层（1～3层）	—	—	49～51	0.7、0.8	46～47	0.7、0.8
Ⅱ、Ⅵ		—	—	45～51	0.8、0.9	43～47	0.8、0.9
Ⅲ、Ⅳ、Ⅴ		—	—	42～51	0.8、0.9	39～47	0.8、0.9
Ⅰ、Ⅶ	多层Ⅰ类（4～6层）	40～54	0.8～1.0	35～47	0.8～1.1	32～43	0.8～1.1
Ⅱ、Ⅵ		38～51	0.8～1.0	33～44	0.9～1.1	31～40	0.9～1.2
Ⅲ、Ⅳ、Ⅴ		37～48	0.9～1.1	32～41	0.9～1.2	29～37	1.0～1.2
Ⅰ、Ⅶ	多层Ⅱ类（7～9层）	35～42	1.0、1.1	30～35	1.1、1.2	28～31	1.2、1.3
Ⅱ、Ⅵ		33～41	1.0～1.2	28～33	1.2、1.3	25～29	1.2～1.4
Ⅲ、Ⅳ、Ⅴ		31～39	1.1～1.3	26～32	1.2～1.4	23～28	1.3～1.6
Ⅰ、Ⅶ	高层Ⅰ类（10～18层）	28～38	1.1～1.4	23～31	1.2～1.6	20～27	1.4～1.8
Ⅱ、Ⅵ		27～36	1.2～1.4	22～28	1.3～1.7	19～25	1.5～1.9
Ⅲ、Ⅳ、Ⅴ		26～34	1.2～1.5	21～27	1.4～1.8	18～23	1.6～2.0

疑问解答：为什么居住街坊有高层Ⅱ类住宅的指标，而生活圈居住区没有？

高层Ⅱ类住宅通常适用于个别特殊地段，比如轨道交通站点周围、城市中心区个别地块等，并不宜大面积出现以控制人口分布的适宜密度，因此，生活圈这种较大范围的居住区都没有给出高层Ⅱ类的指标。例如，站点附近的五分钟生活圈居住区中，可能 1～2 个居住街坊是高层Ⅱ类住宅，但其他的居住街坊是较低的住宅，其住宅平均层数不宜大范围达到高层Ⅱ类。

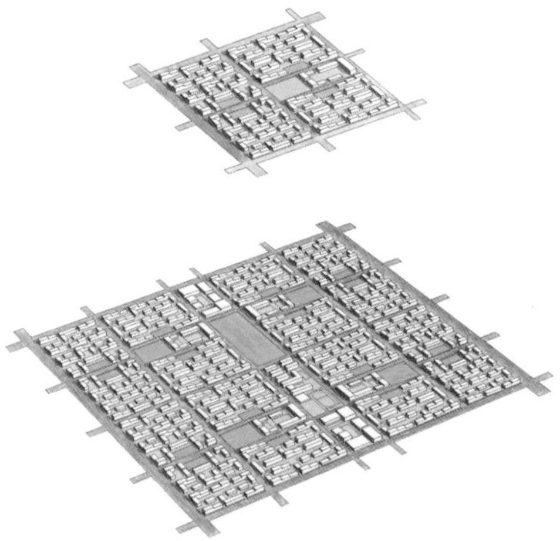

低层生活圈居住区控制指标

低层生活圈居住区的住宅建筑平均层数是 1～3 层，住宅建筑限高一般是 18m，如果是低层高密度居住区，则住宅建筑限高是 11m。低层高密度居住区可设置在滨水地区、山前地区、历史保护地区及其他建设控制区等特定地区，以满足尺度、视线、景观协调等要求。

通常，在较大空间范围全部建设低层住宅建筑的情况越来越少见，因此，十五分钟生活圈居住区没有纳入低层类别及其控制指标。

图 2-34　低层生活圈居住区布局示意

生活圈居住区人均用地面积与居住区用地容积率控制指标　　表 2-8

建筑气候区划	住宅建筑平均层数类别	十五分钟生活圈居住区		十分钟生活圈居住区		五分钟生活圈居住区	
		人均居住区用地面积（m²/人）	居住区用地容积率	人均居住区用地面积（m²/人）	居住区用地容积率	人均居住区用地面积（m²/人）	居住区用地容积率
Ⅰ、Ⅶ	低层（1～3层）	—	—	49～51	0.7、0.8	46～47	0.7、0.8
Ⅱ、Ⅵ		—	—	45～51	0.8、0.9	43～47	0.8、0.9
Ⅲ、Ⅳ、Ⅴ		—	—	42～51	0.8、0.9	39～47	0.8、0.9

多层Ⅰ类生活圈居住区控制指标

多层Ⅰ类生活圈居住区的住宅建筑平均层数是4～6层，住宅建筑限高是27m，如果是多层高密度居住区，则住宅建筑限高是20m。多层高密度居住区可设置在滨水地区、山前地区、历史保护地区及其他建设控制区等特定地区，以满足尺度、视线、景观协调等要求。大城市的一般地区、小城镇等宜安排多层Ⅰ类生活圈居住区。

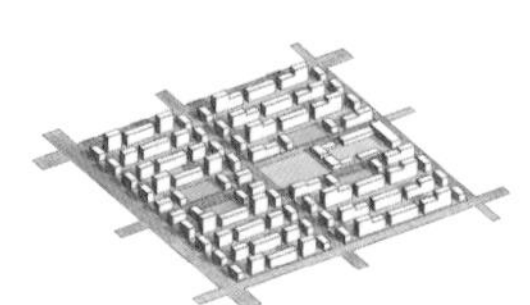

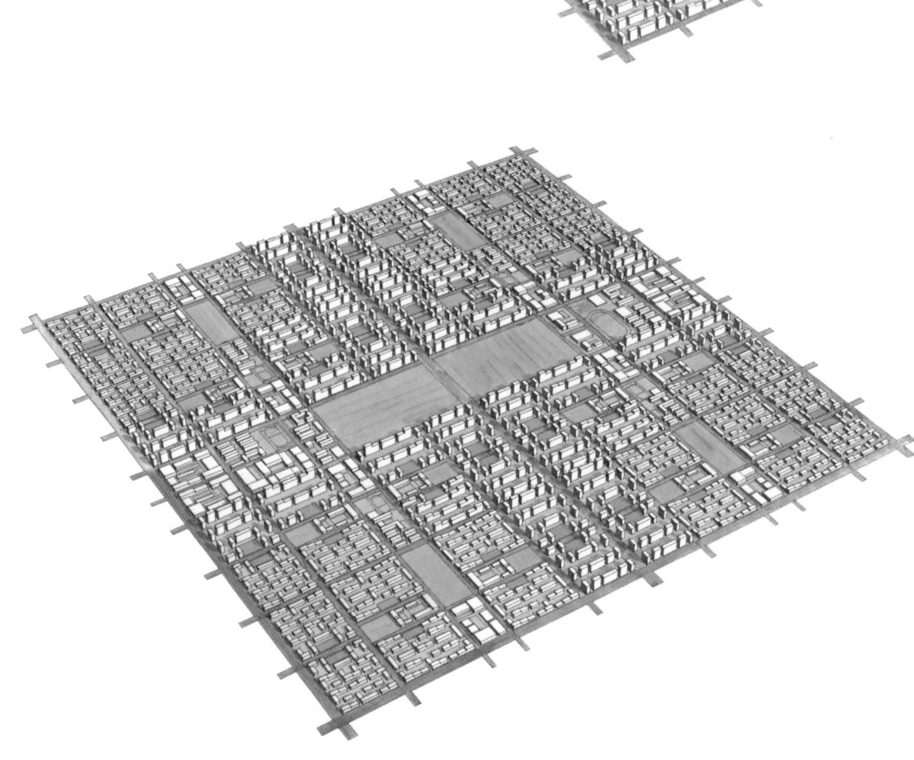

图2-35　多层Ⅰ类生活圈居住区布局示意

生活圈居住区人均用地面积与居住区用地容积率控制指标　　表2-9

建筑气候区划	住宅建筑平均层数类别	十五分钟生活圈居住区		十分钟生活圈居住区		五分钟生活圈居住区	
		人均居住区用地面积（m²/人）	居住区用地容积率	人均居住区用地面积（m²/人）	居住区用地容积率	人均居住区用地面积（m²/人）	居住区用地容积率
Ⅰ、Ⅶ	多层Ⅰ类（4～6层）	40～54	0.8～1.0	35～47	0.8～1.1	32～43	0.8～1.1
Ⅱ、Ⅵ		38～51	0.8～1.0	33～44	0.9～1.1	31～40	0.9～1.2
Ⅲ、Ⅳ、Ⅴ		37～48	0.9～1.1	32～41	0.9～1.2	29～37	1.0～1.2

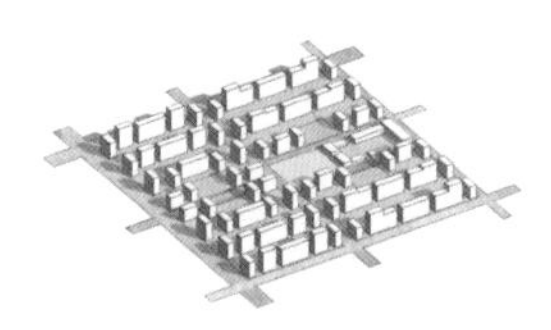

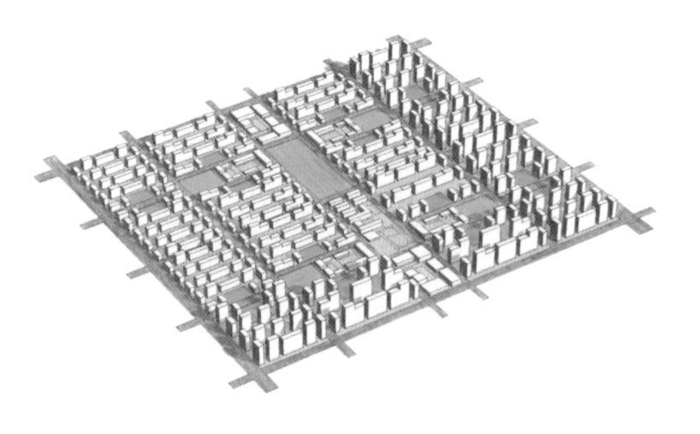

多层Ⅱ类生活圈居住区控制指标

多层Ⅱ类生活圈居住区的住宅建筑平均层数是7～9层，住宅建筑限高是36m。多层Ⅱ类生活圈居住区可设置在城市一般地区及中心区。

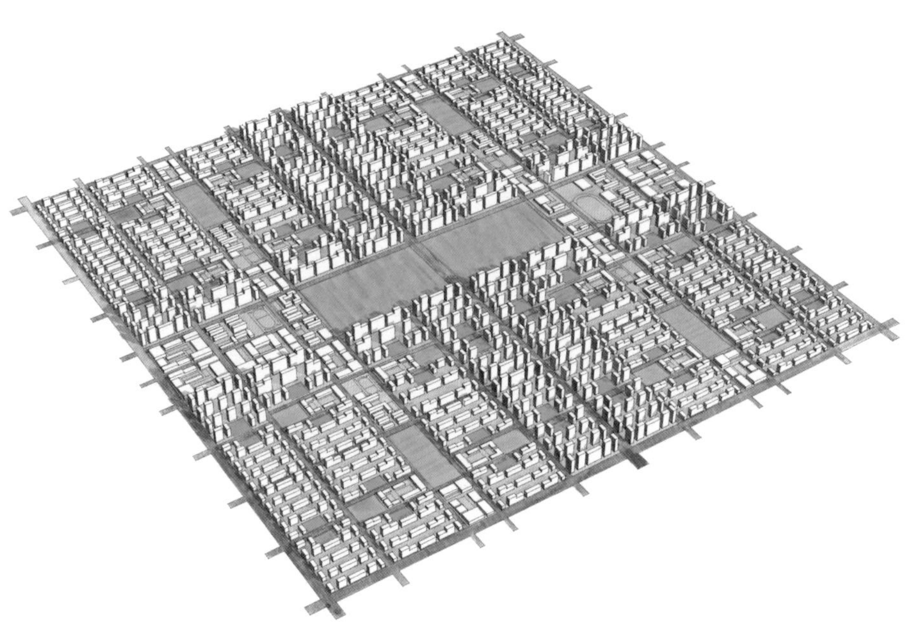

图2-36　多层Ⅱ类生活圈居住区布局示意

生活圈居住区的人均用地面积和容积率控制指标　　表2-10

建筑气候区划	住宅建筑平均层数类别	十五分钟生活圈居住区		十分钟生活圈居住区		五分钟生活圈居住区	
		人均居住区用地面积（m^2/人）	居住区用地容积率	人均居住区用地面积（m^2/人）	居住区用地容积率	人均居住区用地面积（m^2/人）	居住区用地容积率
Ⅰ、Ⅶ	多层Ⅱ类（7～9层）	35～42	1.0、1.1	30～35	1.1、1.2	28～31	1.2、1.3
Ⅱ、Ⅵ		33～41	1.0～1.2	28～33	1.2、1.3	25～29	1.2～1.4
Ⅲ、Ⅳ、Ⅴ		31～39	1.1～1.3	26～32	1.2～1.4	23～28	1.3～1.6

高层Ⅰ类生活圈居住区控制指标

高层Ⅰ类生活圈居住区的住宅建筑平均层数是10～18层，住宅建筑限高是54m。高层Ⅰ类生活圈居住区可设置在城市核心区、轨道站点周边等设施集中、交通便利的地区。

《标准》不鼓励大面积集中建设高层Ⅱ类住宅建筑，也就是说规划不应引导大面积高强度开发建设居住用地。因此，高层Ⅱ类未纳入十五分钟生活圈居住区。

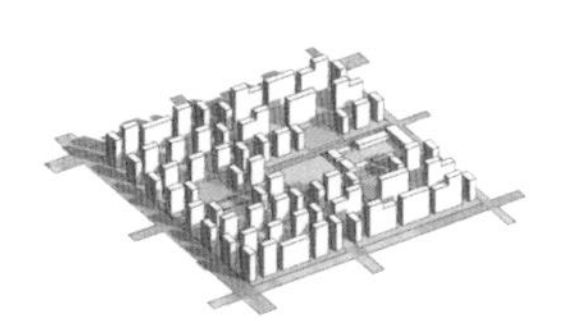

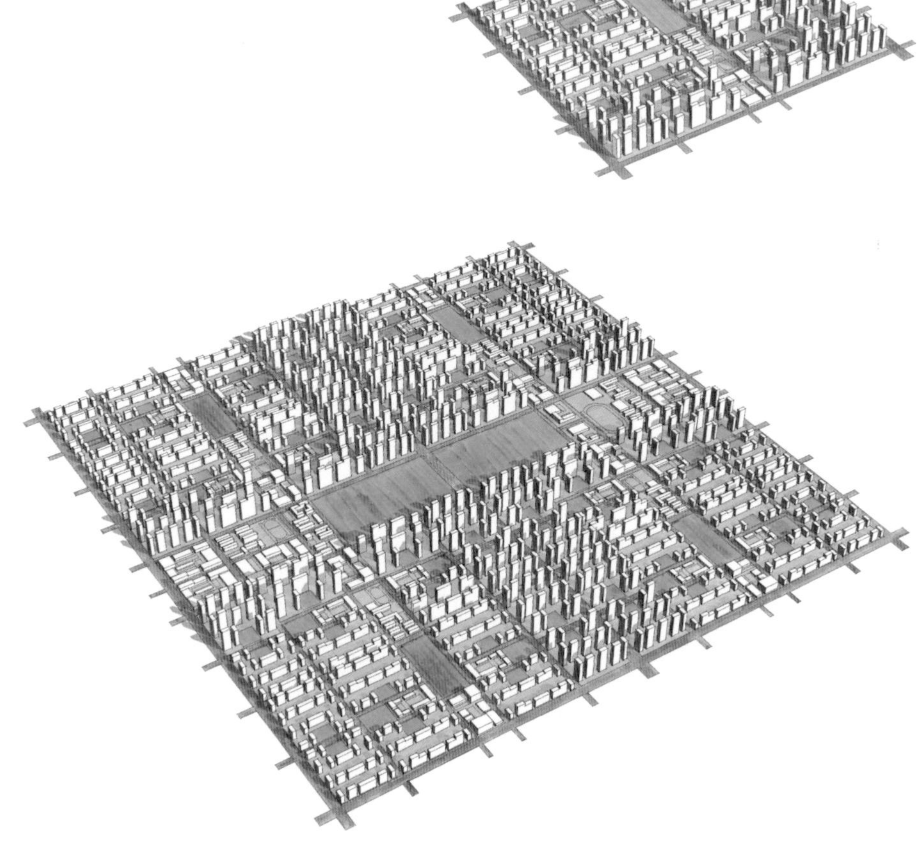

图2-37 高层Ⅰ类生活圈居住区布局示意

生活圈居住区的人均用地面积和容积率控制指标 表2-11

建筑气候区划	住宅建筑平均层数类别	十五分钟生活圈居住区		十分钟生活圈居住区		五分钟生活圈居住区	
		人均居住区用地面积（m^2/人）	居住区用地容积率	人均居住区用地面积（m^2/人）	居住区用地容积率	人均居住区用地面积（m^2/人）	居住区用地容积率
Ⅰ、Ⅶ	高层Ⅰ类（10～18层）	28～38	1.1～1.4	23～31	1.2～1.6	20～27	1.4～1.8
Ⅱ、Ⅵ		27～36	1.2～1.4	22～28	1.3～1.7	19～25	1.5～1.9
Ⅲ、Ⅳ、Ⅴ		26～34	1.2～1.5	21～27	1.4～1.8	18～23	1.6～2.0

组合控制指标

居住街坊

基本准则

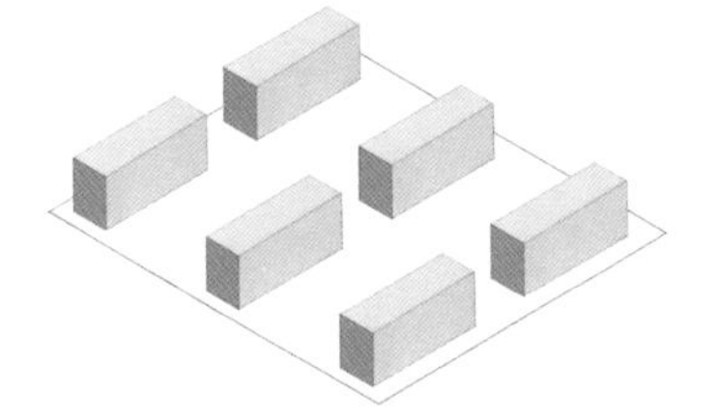

居住街坊应合理开发

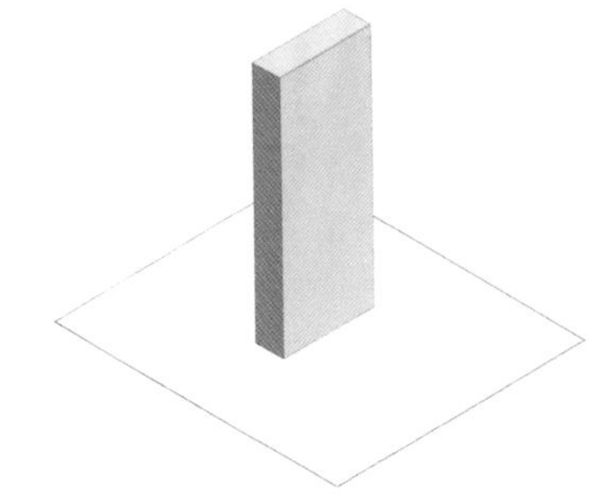

较低的容积率，通常不应采用较高的住宅高度

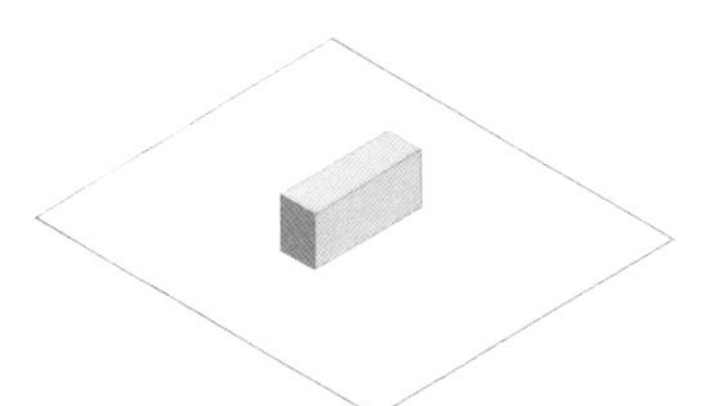

不应浪费土地资源

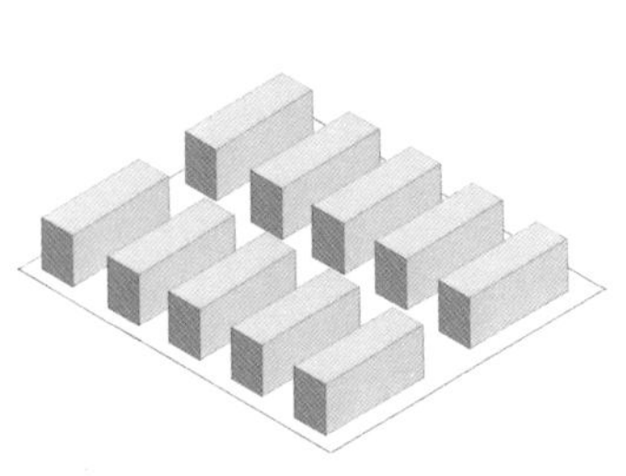

也不应过度开发，影响居住环境

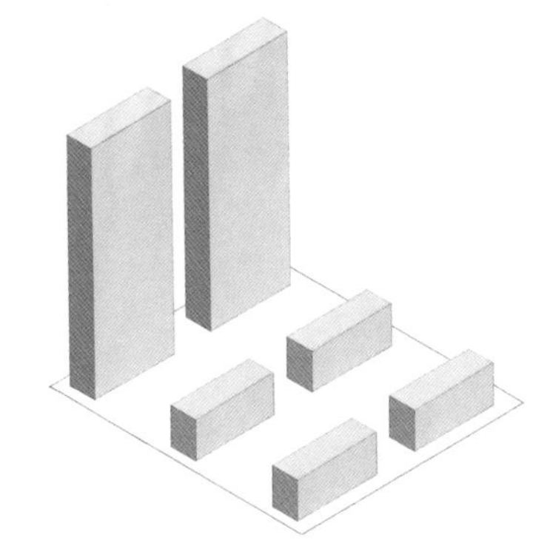

不应采用“高低配”的组合方式

图 2-38　指标组合控制引导合理开发，避免出现“不良”形态

居住街坊应合理开发利用，保持居住空间环境的宜居适度。居住街坊的主要控制指标包括住宅用地容积率、建筑密度、绿地率、住宅建筑平均层数、住宅建筑高度、人均住宅用地面积等。

住宅用地容积率是居住街坊内，住宅建筑及其便民服务设施地上建筑面积之和与住宅用地总面积的比值。

建筑密度是居住街坊内，住宅建筑及其便民服务设施建筑基底面积与该居住街坊用地面积的比率（%）。

绿地率是居住街坊内绿地面积之和与该居住街坊用地面积的比率（%）。

《标准》通过指标组合控制，强化了指标间的关联性，为规划编制提供分级分类的“菜单式”选择。提高规划意图表达的精准度，有助于约束建筑空间形态，保障宜居适度的居住环境，并为塑造良好的城市居住区风貌创造条件。

容积率体现开发强度即建设量，建筑密度反映建筑基底的占地比例，绿地率表达绿色空间用地的占比，平均层数表示建筑面积与建筑基底的比值等。每一个指标都表达特定的含义，如果只关注一两个指标，并不能把控规划指标背后产出的建筑空间形态。如容积率相同情况下，既可能是高层住宅（建筑密度相对较低），也可能是多层住宅（建筑密度相对较高）；而在平均层数相同的情况下，住宅可以是同样高度，也可以是高层住宅和低层住宅的搭配组合。如何相对准确地把握规划指标产出的建筑空间形态，让规划要求能够更为精细地管控建设项目，从而形成符合要求的居住空间环境，是规划标准指标有效引导的关键，也是本次修订工作的重要创新内容——成组提供规划控制指标并提供“菜单式服务”。

建设指标联控

《标准》改变《规范》密度指标单独规定的方式，第一次在规划标准中将一系列指标组合起来进行控制，这将有利于更加精准明确地表达规划师的设计意图，避免不良布局方式和空间形态对城市整体风貌的破坏，保障更好更适宜的居住空间环境，从而有效塑造更好的城市空间面貌。

《标准》在科学建模推算校核的基础上，将容积率与平均层数、建筑密度、住宅建筑限高等指标进行组合控制，使得住宅的高度与容积率相互对应，有效压缩了高低差，限制了随意拔高，但组合指标是留出空间可以在适度的范围内高低错落，有效避免控制性详细规划指标不科学、不匹配的情况（如容积率 1.2、住宅建筑限高 100m，这样的“设计条件”，就会产生“高低配”的建设结果）。

指标组合控制使每一组指标都相对明确地对应一类住宅形态，可让规划意图通过选择“菜单”对应的控制指标组合得以准确表达。每种类型的住宅形态应该出现在城市的什么位置，由城市设计来安排，具体的落实则由控制性详细规划使用《标准》的组合指标来体现，从而实现对更大城市空间范围的整体空间管控。规划要避免高层住宅遍地开花、杂乱无章的情况，首先要避免局部建筑形态的失控，否则，大量局部失控的叠加，带来的是城市整体空间形态失控的局面。

《标准》之所以对住宅建筑高度最大值进行控制，是为了避免一定平均层数下过大的住宅建筑高低差，同时允许适宜的高低错落的空间。通过控制性详细规划合理控制建筑高度、合理布局城市高层建筑，在城市中心、片区中心、轨道站点周边以及公交廊道两侧的住宅建筑高度可以更高一些，体现承载力优势，容纳更多人口。通过对居住街坊形态的控制，最终更好地实现对城市整体建筑高度的管控和引导。如此，城市的整体面貌将会向可控、可预见、可优化的方向发展。

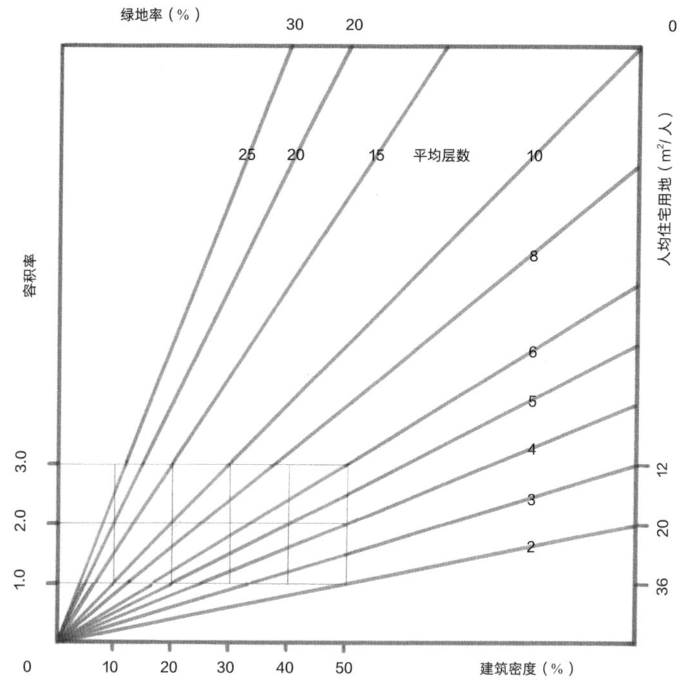

图 2-39　居住街坊容积率、建筑密度、绿地率、住宅平均层数、人均住宅用地等是相互关联的密度指标

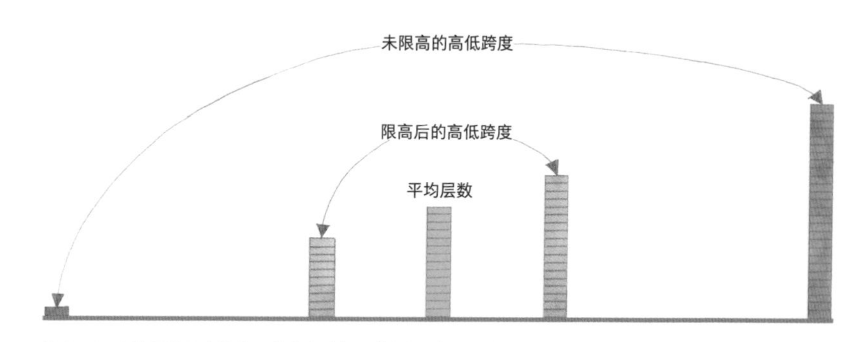

图 2-40　平均层数配合限高，整体上避免了“高低配”的过大高度差，同时又留出“高低错落”的适宜空间

疑问解答：居住街坊为什么要同时控制一组指标？

总体而言，为了能够更好地与城市设计结合，从而更好地引导城市的整体空间形态，支撑控制性详细规划的控制引导，需要《标准》提供更加精细和明确的指标。

平均层数、容积率、建筑密度、绿地率、建筑限高等各项指标之间是相互关联的，如果单独控制，其住宅建筑组合的空间形态难以把握。荷兰代尔夫特大学一个研究团队做了一项“空间伴侣”的研究，他们把容积率、建筑密度、层数和开放空间率（开放空间与建筑面积的比值，与绿地率作用相近）4 种密度指标的组合与城市形态进行了关联（详见图 1-13），也就是 4 项指标的不同组合范围实际上对应着城市不同区位的基本建筑空间形态。

指标组合控制能够较为精准地表达住宅建筑布局形成的空间形态。如控制性详细规划及建设项目规划条件中通常会出现 1.0 容积率（建多层住宅的指标）对应的住宅建筑控高 100m 的情况（指标关系不匹配），这样的规划设计条件过于“宽松”，将可能产生多层开发强度建设高层住宅的结果。有些小城市，为了追求所谓现代化的“高楼大厦”，在只需要建设多层住宅的情况下建设较高的高层住宅，导致增加了运行维护成本，破坏了小城市的山水风貌，同时并不具备高层居住的消防救援条件；更有项目将高层住宅和别墅搭配建设形成“高低配”，项目本身从利润最大化角度出发，会尽可能多做低层住宅，然后用高层住宅来满足容积率指标。试想，若每个街坊都采用“高低配”组合，将导致城市整体空间形态的杂乱无章。

在《标准》里，容积率和平均层数、高度相互关联，较低的容积率不能采用较高的建筑。比如 2.2 容积率情况下，《标准》要求的最大住宅建筑高度是 54m，对应的是高层 I 类（10～18 层）住宅，这实际上压缩了高低之间的落差，避免极端的“高低差”，但也给住宅建筑留出了从 10～18 层的高低错落的弹性。也就是说《标准》通过指标的组合控制，让居住街坊的空间形态变得可控，让城市设计的要求能够通过控制性详细规划的指标赋值方式得以落实，从而进一步让城市的整体空间环境可控、有序。

疑问解答：容积率为什么按区间值规定？

我国幅员辽阔，许多城市虽然处在同一类气候区内，但所处的纬度仍有差别，各地可根据所处纬度情况来选择容积率最大值，同一气候区内的高纬度城市可选择区间的低值作为容积率上限，低纬度城市可选择区间的高值作为容积率上限，而不必都要一味追求区间的最大值。各地在地方标准或城市规划技术管理规定中应进一步明确。另外，开发项目建设用地的自身条件也会影响实际的容积率取值。如地形地貌、周边环境的限制，用地大小、方正程度等，都会对容积率带来一定的影响。因此，《标准》提出的是控制指标区间值。

低层居住街坊控制指标

低层居住街坊的住宅建筑平均层数是1～3层。住宅建筑高度控制最大值为18m，最多就是6层，既保证一定的高低错落的浮动空间，又避免过大的高低差。低层居住街坊的人均占地较大，对自然环境干扰较小，区位通常选择在城市中心外围地区，或靠山临水的地段。

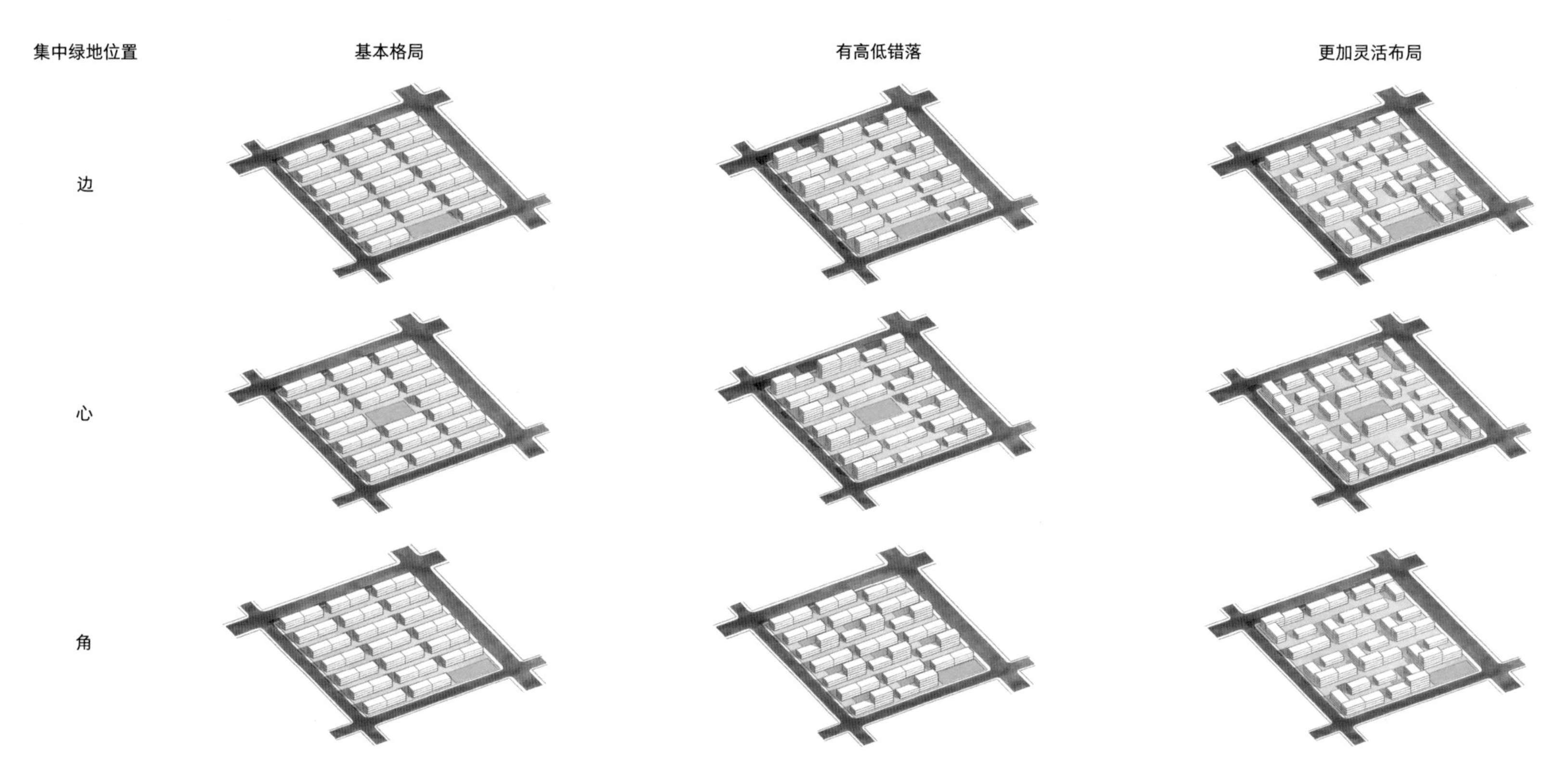

图2-41　建筑空间组合示意

低层居住街坊用地与建筑控制指标　　表2-12

建筑气候区划	住宅建筑平均层数类别	住宅用地容积率	建筑密度最大值（%）	绿地率最小值（%）	住宅建筑高度控制最大值（m）	人均住宅用地面积最大值（m^2/人）
Ⅰ、Ⅶ	低层（1～3层）	1.0	35	30	18	36
Ⅱ、Ⅵ		1.0、1.1	40	28	18	36
Ⅲ、Ⅳ、Ⅴ		1.0～1.2	43	25	18	36

低层高密度居住街坊控制指标

低层高密度居住街坊的住宅建筑平均层数是 1 ~ 3 层，住宅建筑高度控制最大值为 11m。低层高密度居住街坊布局较为紧凑，更适合“小街密路”的住区模式，易于塑造街道空间；在旧区改造时，也更易于保护旧区城市肌理和传统风貌。

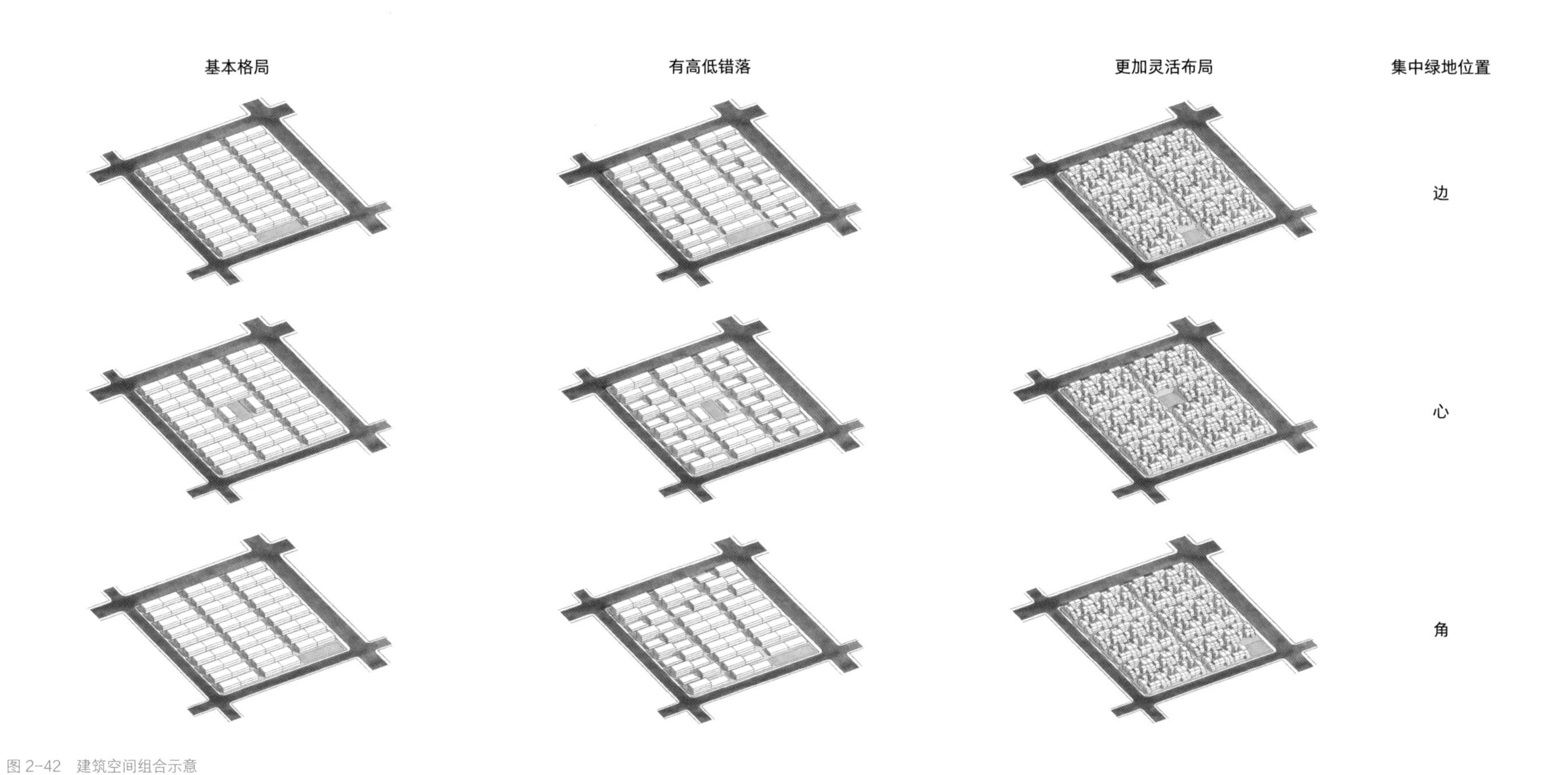

图 2-42　建筑空间组合示意

低层高密度居住街坊用地与建筑控制指标　　表 2-13

建筑气候区划	住宅建筑层数类别	住宅用地容积率	建筑密度最大值（%）	绿地率最小值（%）	住宅建筑高度控制最大值（m）	人均住宅用地面积（m^2/人）
I、VII	低层（1 ~ 3层）	1.0、1.1	42	25	11	32 ~ 36
II、VI		1.1、1.2	47	23	11	30 ~ 32
III、IV、V		1.2、1.3	50	20	11	27 ~ 30

多层 I 类居住街坊控制指标

多层 I 类居住街坊的住宅建筑平均层数是 4 ~ 6 层。住宅建筑高度控制最大值为 27m，最多就是 9 层，既保证一定的高低错落的浮动空间，又避免过大的高低差。多层 I 类居住街坊空间尺度较为宜人，通常应是城市较为主要的住宅建筑类型。

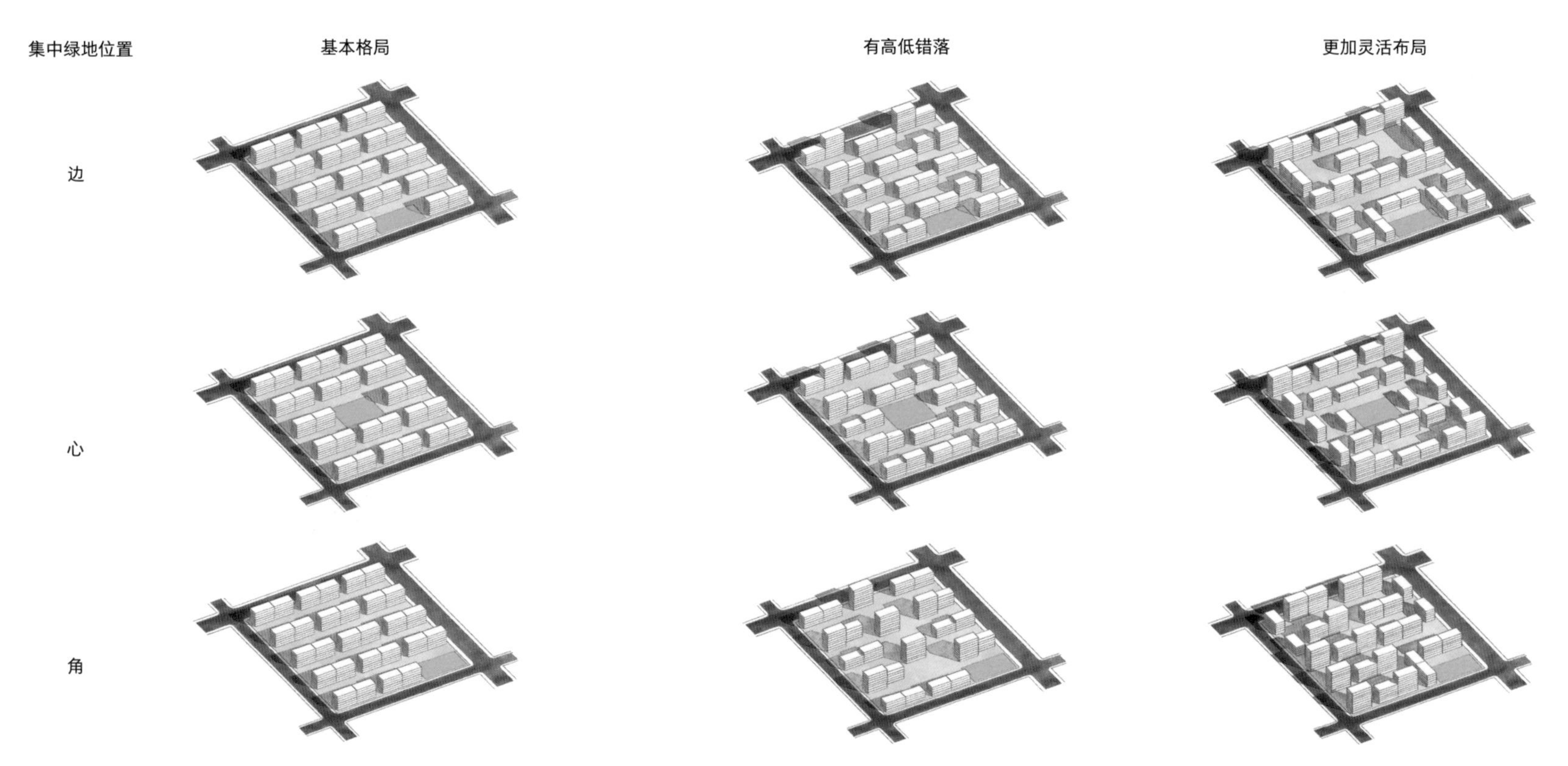

图 2-43　建筑空间组合示意

多层 I 类居住街坊用地与建筑控制指标　　表 2-14

建筑气候区划	住宅建筑平均层数类别	住宅用地容积率	建筑密度最大值（%）	绿地率最小值（%）	住宅建筑高度控制最大值（m）	人均住宅用地面积最大值（m^2/人）
I、VII	多层 I 类（4 ~ 6 层）	1.1 ~ 1.4	28	30	27	32
II、VI		1.2 ~ 1.5	30	30	27	30
III、IV、V		1.3 ~ 1.6	32	30	27	27

多层高密度居住街坊控制指标

多层高密度居住街坊的住宅建筑平均层数是4～6层，住宅建筑高度控制最大值为20m。多层高密度居住街坊更适合“小街密路”的住区模式，易于塑造街道空间。在旧区改造时，也更易于保护旧区肌理和风貌。

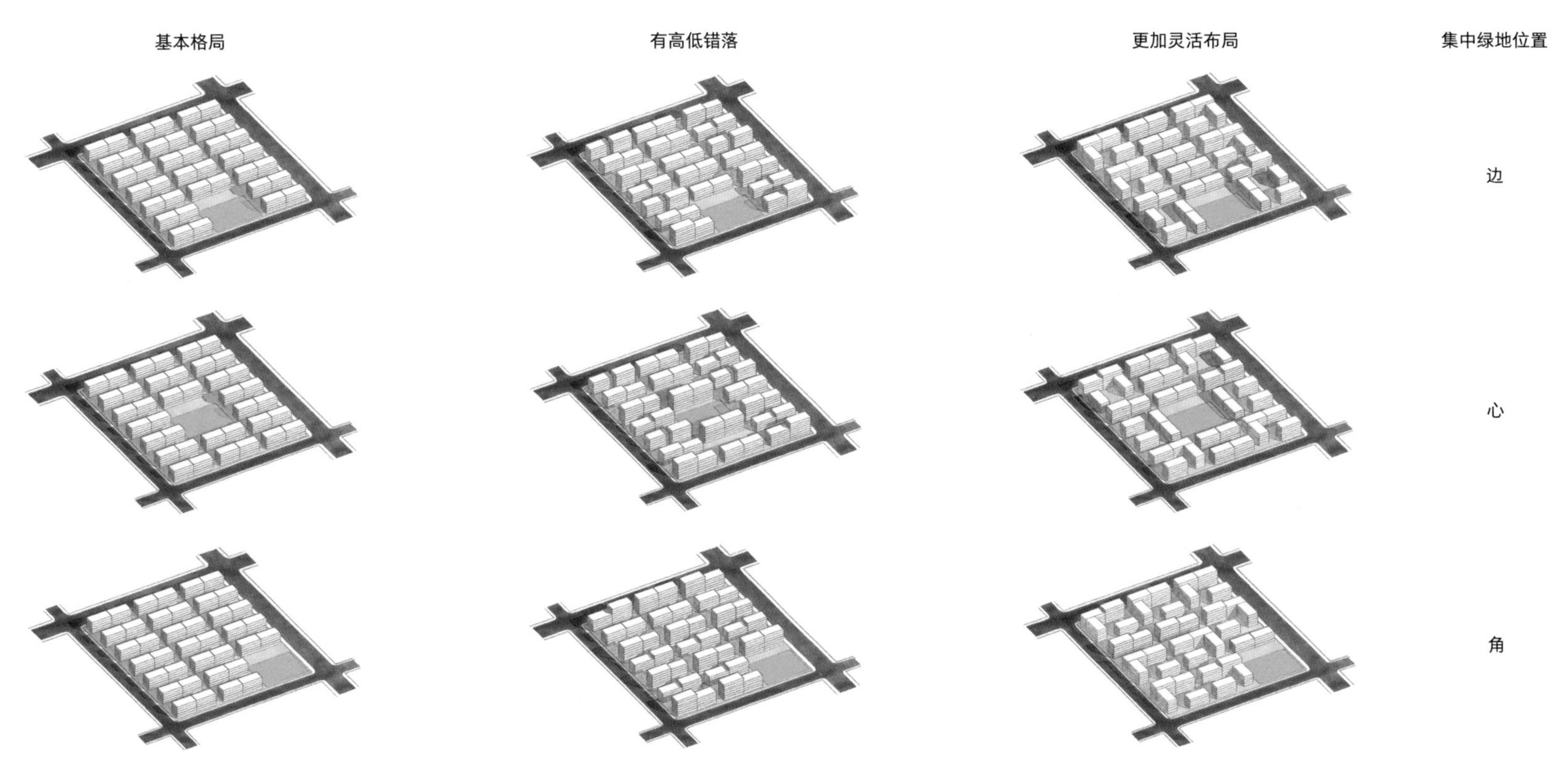

图2-44　建筑空间组合示意

多层高密度居住街坊用地与建筑控制指标　表2-15

建筑气候区划	住宅建筑层数类别	住宅用地容积率	建筑密度最大值（%）	绿地率最小值（%）	住宅建筑高度控制最大值（m）	人均住宅用地面积（m^2/人）
Ⅰ、Ⅶ	多层Ⅰ类（4～6层）	1.4、1.5	32	28	20	24～26
Ⅱ、Ⅵ		1.5～1.7	38	28	20	21～24
Ⅲ、Ⅳ、Ⅴ		1.6～1.8	42	25	20	20～22

多层 II 类居住街坊控制指标

多层Ⅱ类居住街坊的住宅建筑平均层数是 7～9 层，住宅建筑高度控制最大值为 36m，最多 12 层，既保证街坊内的住宅建筑具备一定的高低错落浮动空间，又避免过大的高低差。多层Ⅱ类居住街坊的空间尺度较为适宜也相对节地，区位通常选择在城市中心地区。

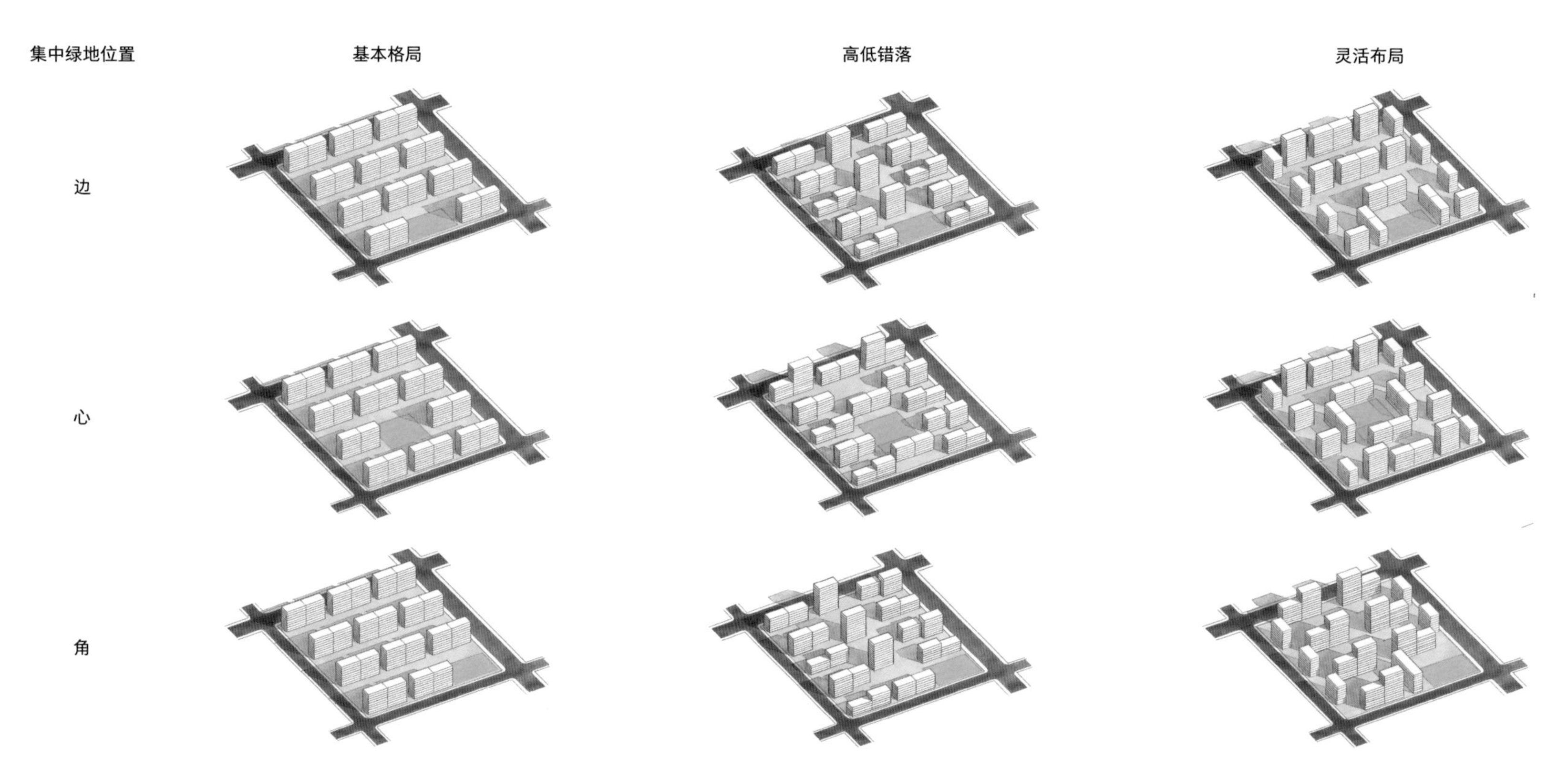

图 2-45　建筑空间组合示意

多层 II 类居住街坊用地与建筑控制指标　　表 2-16

建筑气候区划	住宅建筑平均层数类别	住宅用地容积率	建筑密度最大值（%）	绿地率最小值（%）	住宅建筑高度控制最大值（m）	人均住宅用地面积最大值（m^2/人）
I、VII	多层 II 类（7～9层）	1.5～1.7	25	30	36	22
II、VI		1.6～1.9	28	30	36	21
III、IV、V		1.7～2.1	30	30	36	20

高层 I 类居住街坊控制指标

高层 I 类居住街坊的住宅建筑平均层数是 10 ~ 18 层，住宅建筑高度控制最大值为 54m（对接《建筑设计防火规范》GB 50016-2014 的二级耐火等级），最多 18 层，既保证街坊内的住宅建筑具备一定的高低错落浮动空间，又避免过大的高低差。高层 I 类居住街坊节地且空间尺度相对较为适度，区位通常选择在大城市中心区内。

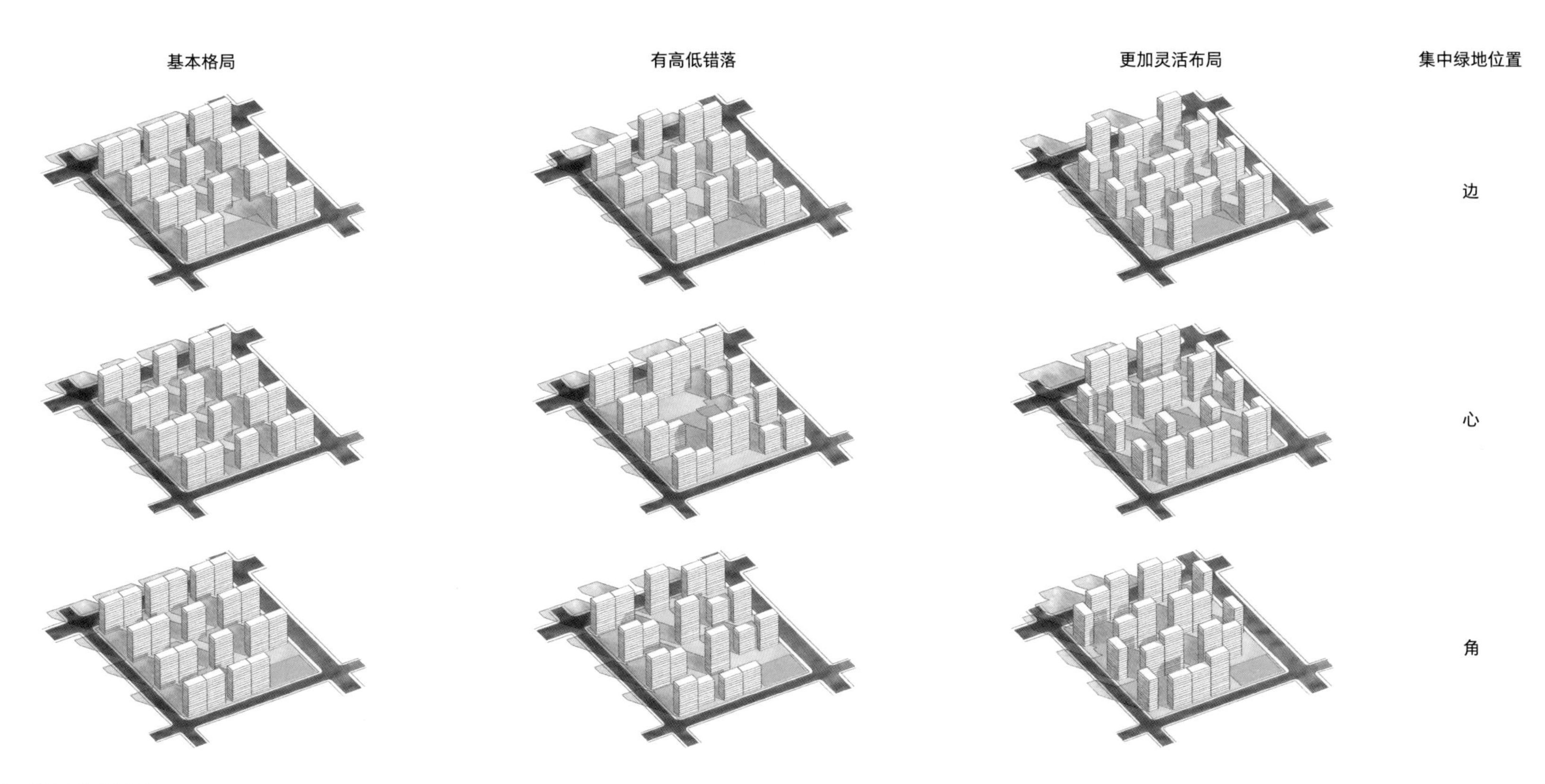

图 2-46　建筑空间组合示意

高层 I 类居住街坊用地与建筑控制指标　　表 2-17

建筑气候区划	住宅建筑平均层数类别	住宅用地容积率	建筑密度最大值（%）	绿地率最小值（%）	住宅建筑高度控制最大值（m）	人均住宅用地面积最大值（m^2/人）
I、VII	高层 I 类（10 ~ 18 层）	1.8 ~ 2.4	20	35	54	19
II、VI		2.0 ~ 2.6	20	35	54	17
III、IV、V		2.2 ~ 2.8	22	35	54	16

高层 II 类居住街坊控制指标

高层Ⅱ类居住街坊的住宅建筑平均层数是 19～26 层，住宅建筑高度控制最大值为 80m（对接《建筑抗震设计规范》GB 50016-2014 的一级耐火等级），最多 26 层，既保证街坊内住宅建筑具备一定的高低错落浮动空间，又避免过大的高低差。高层Ⅱ类居住街坊的居住环境较为密集，区位通常选择在大城市的核心区或轨道站点周边地区。

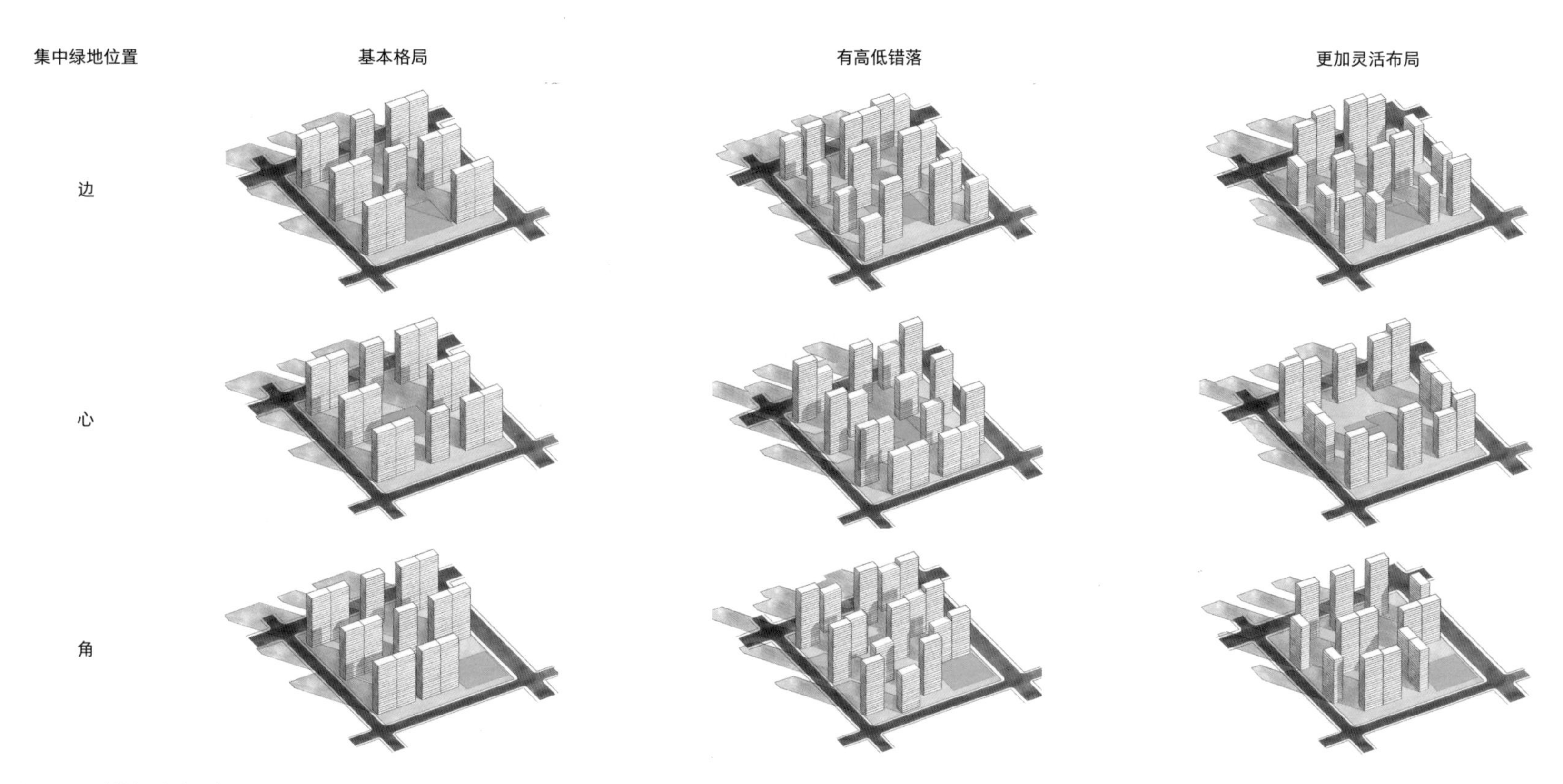

图 2-47　建筑空间组合示意

高层 II 类居住街坊用地与建筑控制指标　　表 2-18

建筑气候区划	住宅建筑平均层数类别	住宅用地容积率	建筑密度最大值（%）	绿地率最小值（%）	住宅建筑高度控制最大值（m）	人均住宅用地面积最大值（m^2/人）
I、VII	高层 II 类（19 ~ 26 层）	2.5 ~ 2.8	20	35	80	13
II、VI		2.7 ~ 2.9	20	35	80	13
III、IV、V		2.9 ~ 3.1	22	35	80	12

附属绿地 五分钟生活圈公共绿地 十分钟生活圈公共绿地 十五分钟生活圈公共绿地

最小规模 0.4hm² 人均公共绿地面积 1m²/人

最小规模 1hm² 人均公共绿地面积 1m²/人

最小规模 5hm² 人均公共绿地面积 2m²/人

居住街坊

服务半径300m

服务半径500m

服务半径800-1000m

图 2-48 各级生活圈居住区公共绿地配建指标

绿地

公共绿地

设置规定

《标准》细化各级生活圈公共绿地与人均绿地面积控制指标，坚持公共绿地分级配置，对居住区的公园绿地规模提出了控制指标规定和设置要求。

各级生活圈居住区应分级集中设置一定面积的居住区公园，形成集中与分散相结合的绿地系统，创造居住区内大小结合、层次丰富的公共活动空间。公园内设置休闲娱乐体育活动等设施，满足居民不同的日常活动需要。

公共绿地布局宜与配套设施相互关联，营造更好的空间环境。比如可与学校、幼儿园、文化设施、体育设施、商业设施等结合设置。

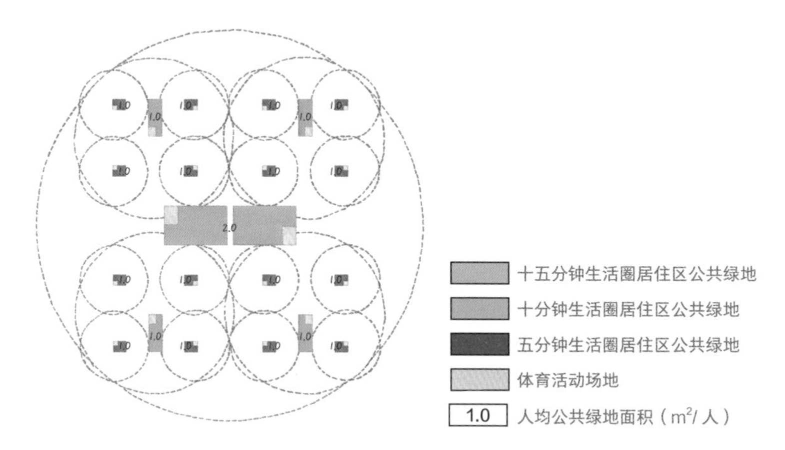

图 2-49 各级生活圈居住区公共绿地的配置示意

疑问解答：能否把市级公园用地平衡到生活圈居住区绿地里？

公共绿地是指生活圈居住区按照居住人口配套建设的可供居民游憩或开展体育活动的公园绿地，主要对接的是《城市绿地分类标准》CJJ/T 85-2017 中的社区公园，因此，不能简单地把市级公园用地平衡到生活圈的公共绿地里。紧邻市级非社区公园，虽然可以更加方便地使用这些公园，但生活圈居住区本身应当配建的社区公园仍然不能缺少。

生活圈居住区公共绿地控制指标

表 2-19

类别	人均公共绿地面积（m²/人）	居住区公园		备注
		最小规模（hm²）	最小宽度（m）	
十五分钟生活圈居住区	2.0	5.0	80	不含十分钟生活圈及以下级居住区的公共绿地指标
十分钟生活圈居住区	1.0	1.0	50	不含五分钟生活圈及以下级居住区的公共绿地指标
五分钟生活圈居住区	1.0	0.4	30	不含居住街坊的绿地指标

注：居住区公园中应设置 10%～15% 的体育活动场地。

旧区改建设置标准

旧区通常指城市总体规划划定的政策区范围。旧区一般人口密集、用地紧张，因此《标准》提出可酌情降低人均公共绿地面积，但不应低于应配指标的70%。同时，提倡尽可能提升绿化环境，各地可根据具体情况增加立体绿化，改善居住区绿化环境。如《关于北京市建设工程附属绿化用地面积计算规则（试行）》规定：工程建设用地范围内，无地下建筑物、构筑物的绿化用地面积达到其规划确定附属绿化用地面积比例的50%以上的，所建绿化停车场、覆土绿地、屋顶花园方可按要求以一定比例计入附属绿化用地面积，如建设屋顶花园，其建筑屋顶的结构、承载等按绿化要求进行设计，覆土厚度达到0.6～0.8m的绿化面积可按20%计入附属绿化用地面积。但此项规定实施的前提是，用地范围内“实土绿地”的面积不小于50%。

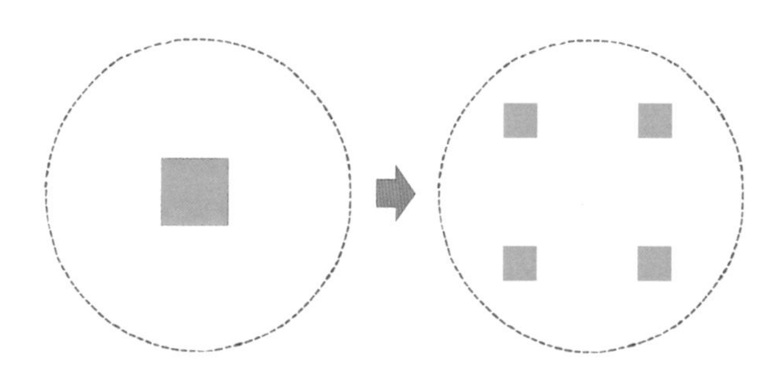

图2-50　老旧小区改造绿地可采用“多点分布”方式综合达标

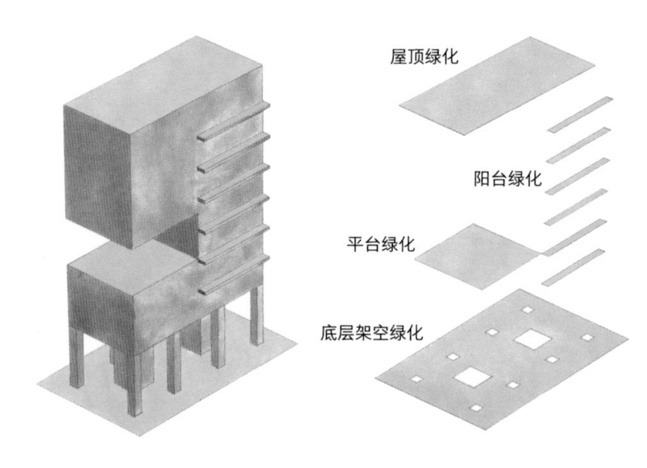

图2-51　鼓励采用立体绿化改善居住环境（各地根据具体条件可制定鼓励政策）

旧区改建生活圈居住区公共绿地控制指标　　表2-20

类别	人均公共绿地面积（m²/人）	备注
十五分钟生活圈居住区	1.4	不含十分钟生活圈及以下级居住区的公共绿地指标
十分钟生活圈居住区	0.7	不含五分钟生活圈及以下级居住区的公共绿地指标
五分钟生活圈居住区	0.7	不含居住街坊的绿地指标

注：居住区公园中应设置10%～15%的体育活动场地。

绿地

集中绿地

设置规定

居住街坊内的集中绿地是居民，特别是幼儿、老年人在家门口日常户外活动的主要场所，因此，在规模、尺度以及日照条件等方面应满足一定的条件。

《标准》结合居住区新的分级模式提出将原“组团绿地”改为“居住街坊集中绿地”。

在规模方面，《标准》与《规范》“组团”的绿地标准一致，以保障居民能够到达“家门口”的室外活动空间，即居住街坊内人均集中绿地面积不应低于 0.5m²/ 人，在旧区改建时可酌情降低，但不应低于 0.35m²/ 人。

在尺度方面，《标准》要求集中绿地的最小宽度不应小于 8m，以满足开展基本户外活动的要求，如儿童游戏设施和游憩活动场所等。

在日照条件方面，《标准》延续《规范》的相关规定，即居住街坊集中绿地应满足不少于 1/3 的面积在标准的建筑日照阴影线范围之外的要求，以便于设置老年人和儿童活动设施和场地。

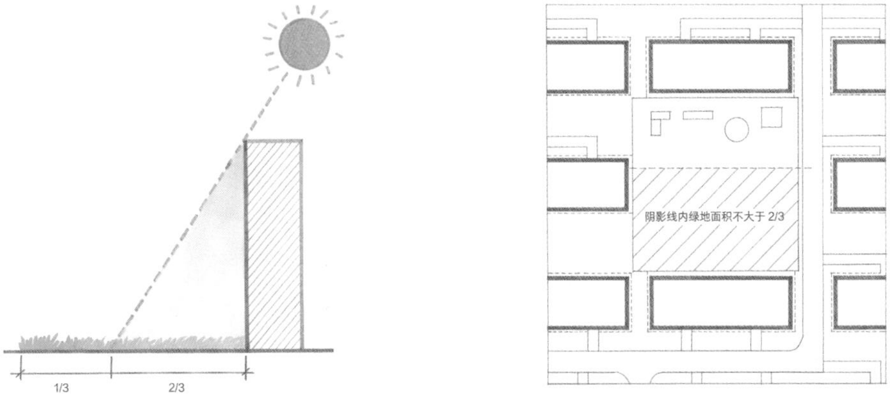

1/3 2/3

阴影线内绿地面积不大于 2/3

图 2-52　阴影线外的绿地面积不应少于 1/3，其中应设置老年人、儿童活动场地

疑问解答：街坊中的集中绿地能否分散布置？

居住街坊有绿地率的要求，集中绿地是绿地率计算的一部分，但要求设置集中绿地的目的是为了便于街坊内形成居民日常的交往活动空间。因此，集中绿地不应分散布置。

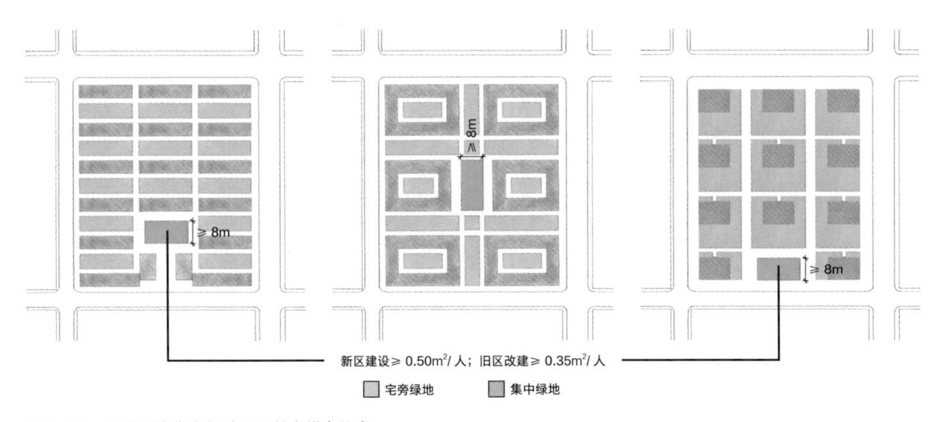

图 2-53　居住街坊集中绿地面积基本规定示意

住宅间距

影响因素

采光、通风、防灾、视觉卫生、管线埋设

采光：通常情况下，住宅室内平均照度随着住宅建筑间距的减小而减小，当间距减小到建筑高度值以下时，底层住户的室内采光水平会快速下降。

通风：当住宅建筑布置与风向垂直时，若住宅正面间距小于建筑高度，由于通风角度原因，建筑的通风效率也会迅速降低。

防灾：住宅建筑间距应满足防灾要求，包括消防、应急避难等。

视觉卫生：扬·盖尔在《交往与空间》中认为：在大约 30m 远处，人的面部特征、发型和年纪都能看到，不常见面的人也能认出。当距离缩小到 20～25m，大多数人能看清别人的表情与心绪。这些都表明了视线距离对于人的生活情况尤其是隐私有较大影响。但是室内光环境比室外要暗，窗户玻璃也有一定的遮挡作用，因此，从室外或其他建筑内识别住宅内部人脸的距离约为 16～17m。从视觉卫生的角度而言，正面相对无树木遮挡的住宅建筑的最小间距不宜小于 16m。

管线埋设：住宅建筑间设置多种工程管线时，应符合《城市工程管线综合规划规范》GB 50289-2016 的有关控制要求。

民用建筑之间的防火间距（m） 表 2-21

建筑类别		高层民用建筑	裙房和其他民用建筑		
		一、二级	一、二级	三级	四级
高层民用建筑	一、二级	13	9	11	14
裙房和其他民用建筑	一、二级	9	6	7	9
	三级	11	7	8	10
	四级	14	9	10	12

资料来源：《建筑设计防火规范》GB 50016-2014

建、构筑物与各种管线之间的最小水平净距（m） 表 2-22

管线名称			建筑（构）物
给水管线	$d \leq 200$mm		1.0
	$d > 200$mm		3.0
污水雨水管线			2.5
再生水管线			1.0
燃气管	低压		0.7
	中压	B	1.0
		A	1.5
	次高压	B	5.0
		A	13.5
直埋热力管线			3.0
电力管线	直埋		0.6
	保护管		
通信管线	直埋		1.0
	管道、通道		1.5
管沟			0.5
乔木			—
灌木			—
地上杆柱	通信照明及 $<$ 10kV		—
	高压塔基础边	$\leq$ 35kV	
		$>$ 35kV	
道路侧石边缘			—
有轨电车钢轨			—
铁路钢轨（或坡脚）			—

注：管线距建筑物距离，除次高压燃气管道为其至外墙面外，均为其至建筑物基础；当次高压燃气管道采取有效的安全防护措施或增加管壁厚度时，管道距建筑物外墙面不应小于 3.0m。

资料来源：《城市工程管线综合规划规范》GB 50289-2016

住宅间距

日照标准

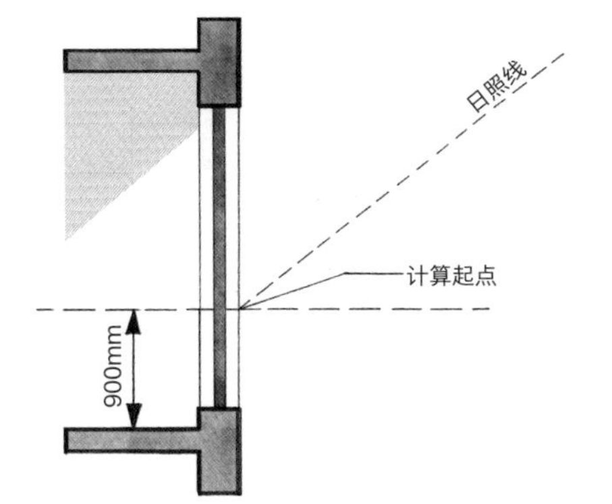

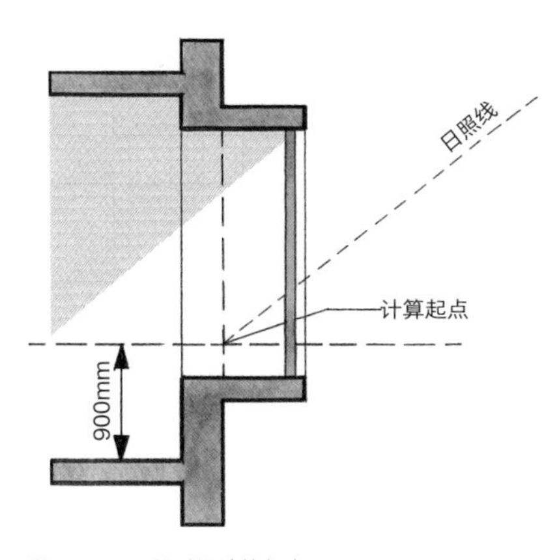

图 2-54　日照时间计算起点

图 2-55　冬至日和大寒日有效日照时间带示意

日照标准是确定住宅建筑间距的基本要素。日照标准的建立是提升居住区环境质量的必要条件，是保障环境卫生、建立可持续社区的基本要求，也是保护社会公平的重要手段。

从 1993 年《规范》颁布施行以来的建设实践证明，按照两个日照标准日、分不同气候区控制的日照标准基本适应各地的城市建设与发展，对我国居住区建筑空间环境的控制产生了深远的影响，有效地控制了住宅建筑间距。《标准》延续了《规范》对日照标准的规定（具体的建筑日照计算应符合《建筑日照计算参数标准》GB/T 50947-2014 的有关规定），并对以下特定情况提出了控制要求：

1. 我国已进入老龄化社会，老年人的身体机能、生活能力及其健康需求决定了其活动范围的局限性和对环境的特殊要求，因此，为老年人服务的各项设施要有更高的日照标准，《标准》在执行本规定时不附带任何条件。

2. 针对建筑装修和城市商业活动出现的实际问题，《标准》对建筑原设计外增设室外固定设施，如空调机、建筑小品、雕塑、户外广告、封闭露台等明确了不能降低相邻住户及相邻住宅建筑的日照标准，但既有住宅建筑进行无障碍改造加装电梯是允许的。我国早年建设的居住区已逐步进入改造期，大量既有住宅建筑都面临进行无障碍改造的需求，其中，加装电梯可能会对住宅建筑的日照标准产生影响。如因建筑本身的限制，无法避免对相邻住宅建筑或自身部分居住单元产生影响时，日照标准可酌情降低。但在此情况下，应优化设计，尽量减少对住宅建筑自身相邻住户及相邻住宅建筑日照标准的影响。

我国早年建设的居住区，大部分为无电梯多层住宅楼，由于当时的经济水平和生活水平所限，住宅的功能已经满足不了现代人生活的需要。同时，结合当前人口老龄化加剧的实际情况，大量既有住宅建筑面临无障碍改造的需求。

既有住宅加装电梯可能对相邻建筑及自身的日照时数造成不利影响，因此在加装电梯过程中应尽可能地进行优化设计，不得附加与电梯无关的任何其他设施，并应在征得相关利害关系人意见的前提下，把对相邻住宅建筑及相关住户的日照影响降到最低。

3. 旧区改建难是我国城市建设中面临的一大突出问题，在旧区改建时，建设项目本身范围内的新建住宅建筑确实难以达到规定日照标准时才可酌情降低。但无论在什么情况下，降低后的日照标准都不得低于大寒日 1h，且不得降低周边既有住宅建筑日照标准（当周边既有住宅建筑原本未满足日照标准时，不应再降低其原有的日照水平）。

需要特别说明的是，《规范》的日照标准将城市分为“大城市”和“中小城市”两类，从而应对我国不同规模城市用地紧张程度的差异性，其城市规模划定的依据是原《中华人民共和国城市规划法》第四条，即“大城市是指市区和近郊区非农业人口五十万以上的城市；中等城市是指市区和近郊区非农业人口二十万以上、不满五十万的城市；小城市是指市区和近郊区非农业人口不满二十万的城市”。由于当前《中华人民共和国城市规划法》已废止，本《标准》仍沿用《规范》对城市规模划分的人口规模节点为分界点（即人口规模 50 万及以上和不满 50 万），结合 2014 年印发的《国务院关于调整城市规模划分标准的通知》（国发［2014］51 号），日照标准的选取由原“建筑气候区 + 城市类型（大城市、中小城市）”调整为“建筑气候区 + 城区常住人口（≥ 50 万人，＜ 50 万人）”，进一步明确城市人口规模与日照标准的对应关系。保持标准的一致性，以保证标准制定的控制节点原意不变。

住宅建筑正面间距可参考表 2-23 全国主要城市不同日照标准的间距系数来确定日照间距，不同方位的日照间距系数控制可采用表 2-24 不同方位间距折减系数进行换算。“不同方位的日照间距折减”指以日照时数为标准，按不同方位布置的住宅折算成不同日照间距。表 2-23、表 2-24 通常应用于条式平行布置的新建住宅建筑，作为推荐指标仅供规划设计人员参考，对于精确的日照间距和复杂的建筑布置形式须另作测算。

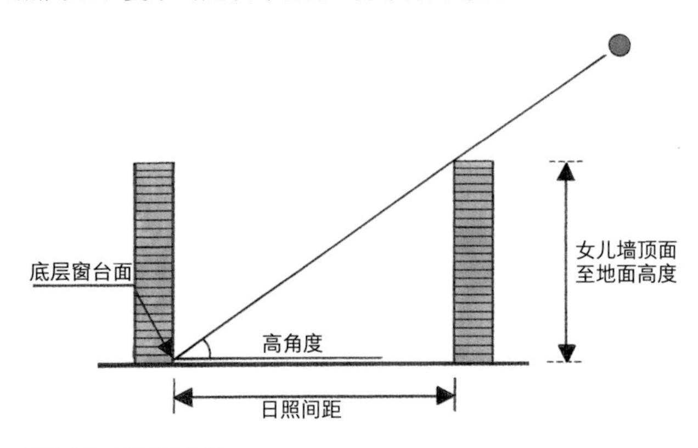

图 2-56　日照间距示意

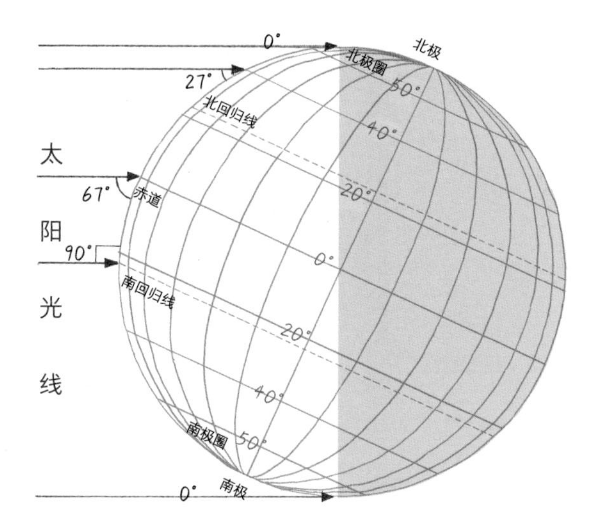

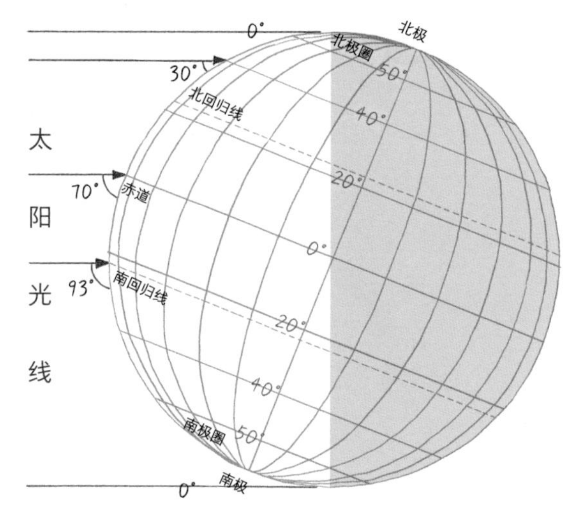

图 2-57　冬至日和大寒日太阳角度示意

全国主要城市不同日照标准的间距系数

表 2-23

序号	城市名称	纬度（北纬）	冬至日		大寒日			
			正午影长率	日照 1h	正午影长率	日照 1h	日照 2h	日照 3h
1	漠 河	53°00′	4.14	3.88	3.33	3.11	3.21	3.33
2	齐齐哈尔	47°20′	2.86	2.68	2.43	2.27	2.32	2.43
3	哈尔滨	45°45′	2.63	2.46	2.25	2.10	2.15	2.24
4	长 春	43°54′	2.39	2.24	2.07	1.93	1.97	2.06
5	乌鲁木齐	43°47′	2.38	2.22	2.06	1.92	1.96	2.04
6	多 伦	42°12′	2.21	2.06	1.92	1.79	1.83	1.91
7	沈 阳	41°46′	2.16	2.02	1.88	1.76	1.80	1.87
8	呼和浩特	40°49′	2.07	1.93	1.81	1.69	1.73	1.80
9	大 同	40°00′	2.00	1.87	1.75	1.63	1.67	1.74
10	北 京	39°57′	1.99	1.86	1.75	1.63	1.67	1.74
11	喀 什	39°32′	1.96	1.83	1.72	1.60	1.61	1.71
12	天 津	39°06′	1.92	1.80	1.69	1.58	1.61	1.68
13	保 定	38°53′	1.91	1.78	1.67	1.56	1.60	1.66
14	银 川	38°29′	1.87	1.75	1.65	1.54	1.58	1.64
15	石家庄	38°04′	1.84	1.72	1.62	1.51	1.55	1.61
16	太 原	37°55′	1.83	1.71	1.61	1.50	1.54	1.60
17	济 南	36°41′	1.74	1.62	1.54	1.44	1.47	1.53
18	西 宁	36°35′	1.73	1.62	1.53	1.43	1.47	1.52
19	青 岛	36°04′	1.70	1.58	1.50	1.40	1.44	1.50
20	兰 州	36°03′	1.70	1.58	1.50	1.40	1.44	1.49
21	郑 州	34°40′	1.61	1.50	1.43	1.33	1.36	1.42
22	徐 州	34°19′	1.58	1.48	1.41	1.31	1.35	1.40
23	西 安	34°18′	1.58	1.48	1.41	1.31	1.35	1.40
24	蚌 埠	32°57′	1.50	1.40	1.34	1.25	1.28	1.34
25	南 京	32°04′	1.45	1.36	1.30	1.21	1.24	1.30
26	合 肥	31°51′	1.44	1.35	1.29	1.20	1.23	1.29
27	上 海	31°12′	1.41	1.32	1.26	1.17	1.21	1.26
28	成 都	30°40′	1.38	1.29	1.23	1.15	1.18	1.24
29	武 汉	30°38′	1.38	1.29	1.23	1.15	1.18	1.24
30	杭 州	30°19′	1.36	1.27	1.22	1.14	1.17	1.22
31	拉 萨	29°42′	1.33	1.25	1.19	1.11	1.15	1.20
32	重 庆	29°34′	1.33	1.24	1.19	1.11	1.14	1.19
33	南 昌	28°40′	1.28	1.20	1.15	1.07	1.11	1.16
34	长 沙	28°12′	1.26	1.18	1.13	1.06	1.09	1.14
35	贵 阳	26°35′	1.19	1.11	1.07	1.00	1.03	1.08
36	福 州	26°05′	1.17	1.10	1.05	0.98	1.01	1.07
37	桂 林	25°18′	1.14	1.07	1.02	0.96	0.99	1.04

续表

序号	城市名称	纬度（北纬）	冬至日		大寒日			
			正午影长率	日照 1h	正午影长率	日照 1h	日照 2h	日照 3h
38	昆明	25°02′	1.13	1.06	1.01	0.95	0.98	1.03
39	厦门	24°27′	1.11	1.03	0.99	0.93	0.96	1.01
40	广州	23°08′	1.06	0.99	0.95	0.89	0.92	0.97
41	南宁	22°49′	1.04	0.98	0.94	0.88	0.91	0.96
42	湛江	21°02′	0.98	0.92	0.88	0.83	0.86	0.91
43	海口	20°00′	0.95	0.89	0.85	0.80	0.83	0.88

注：1. 本表按沿纬向平行布置的六层条式住宅（楼高 18.18m，首层窗台距室外地面 1.35m）计算；
2.“现行采用标准”为 90 年代初调查数据。

不同方位日照间距折减换算系数 表 2-24

方位	0°~15°（含）	15°~30°（含）	30°~45°（含）	45°~60°（含）	> 60°
折减系数值	1.00*L*	0.90*L*	0.80*L*	0.90*L*	0.95*L*

注：1. 表中方位为正南向 (0°) 偏东、偏西的方位角；
2. *L* 为当地正南向住宅的标准日照间距 (m)；
3. 本表指标仅适用于无其他日照遮挡的平行布置的条式住宅建筑。

疑问解答：日照标准为什么没有调整？

日照标准是确定住宅建筑间距的基本要素。日照标准的建立是提升居住区环境质量的必要条件，是保障环境卫生、建立可持续社区的基本要求，也是保护社会公平的重要手段。从 1994 年《规范》颁布施行以来的建设实践证明，按照两个日照标准日，分不同气候区控制的日照标准基本适应各地的城市建设与发展，对我国居住区空间环境的控制产生了深远的影响，有效地控制了住宅建筑间距。《标准》延续了《规范》对日照标准的规定（具体的建筑日照计算应符合现行国家标准《建筑日照计算参数标准》GB/T 50947-2014 的有关规定）。

《标准》针对建筑装修和城市商业活动出现的实际问题，对增设室外固定设施，如空调机、建筑小品、雕塑、户外广告、封闭露台等明确了不能降低相邻住户及相邻住宅建筑的日照标准，但“既有住宅建筑进行无障碍改造加装电梯”不在其列。我国早年建设的居住区已逐步进入改造期，大量既有住宅建筑都面临进行无障碍改造的需求，其中，加装电梯可能会对住宅建筑原有的日照标准产生影响。在此情况下应优化设计，减少对住宅建筑自身相邻住户及相邻住宅建筑日照标准的不良影响。如因建筑本身的限制，无法避免对相邻住宅建筑或自身部分居住单元产生影响时，日照标准可酌情降低。具体加装电梯的实施，尚应符合所在地有关政策和规定。

需要特别说明的是，《规范》的日照标准将城市分为“大城市”和“中小城市”两类，从而应对我国不同规模城市用地紧张程度的差异性，其城市规模划定的依据是《中华人民共和国城市规划法》第四条，即“大城市是指市区和近郊区非农业人口五十万以上的城市；中等城市是指市区和近郊区非农业人口二十万以上、不满五十万的城市；小城市是指市区和近郊区非农业人口不满二十万的城市”。由于当前《中华人民共和国城市规划法》已废止，本《标准》仍沿用《规范》对城市规模划分的人口规模节点（即人口规模 50 万及以上和不满 50 万）为分界点，以保证《标准》制定的控制节点原意不变，保持《标准》的一致性。

技术指标与计算方法

技术指标

综合技术指标表

居住区规划设计方案通常应汇总综合技术指标，《标准》对生活圈居住区及居住街坊应包含的控制指标进行了规定，详见表 2-25。

居住区综合技术指标　　　　表 2-25

项目				计量单位	数值	所占比重（%）	人均面积指标（m^2/ 人）
各级生活圈居住区指标	居住区用地	总用地面积		hm^2	▲	100	▲
		其中	住宅用地	hm^2	▲	▲	▲
			配套设施用地	hm^2	▲	▲	▲
			公共绿地	hm^2	▲	▲	▲
			城市道路用地	hm^2	▲	▲	—
	居住总人口			人	▲	—	—
	居住总套（户）数			套	▲	—	—
	住宅建筑总面积			万 m^2	▲	—	—
居住街坊指标	用地面积			hm^2	▲	—	▲
	容积率			—	▲	—	—
	地上建筑面积	总建筑面积		万 m^2	▲	100	—
		其中	住宅建筑	万 m^2	▲	▲	—
			便民服务设施	万 m^2	▲	▲	—
	地下总建筑面积			万 m^2	▲	▲	—
	绿地率			%	▲	—	—
	集中绿地面积			m^2	▲	—	▲
	住宅套（户）数			套	▲	—	—
	住宅套均面积			m^2/ 套	▲	—	—
	居住人数			人	▲	—	—
	住宅建筑密度			%	▲	—	—
	住宅建筑平均层数			层	▲	—	—
	住宅建筑高度控制最大值			层	▲	—	—
	停车位	总停车位		辆	▲	—	—
		其中	地上停车位	辆	▲	—	—
			地下停车位	辆	▲	—	—
	地面停车位			辆	▲	—	—

注：▲为必列指标。

容积率、建筑密度、绿地率

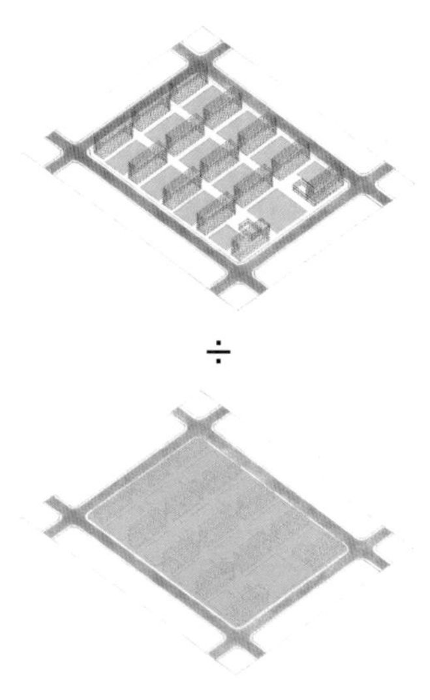

图 2-58　绿地率是居住街坊内绿地面积之和与该居住街坊用地面积的比率（%）

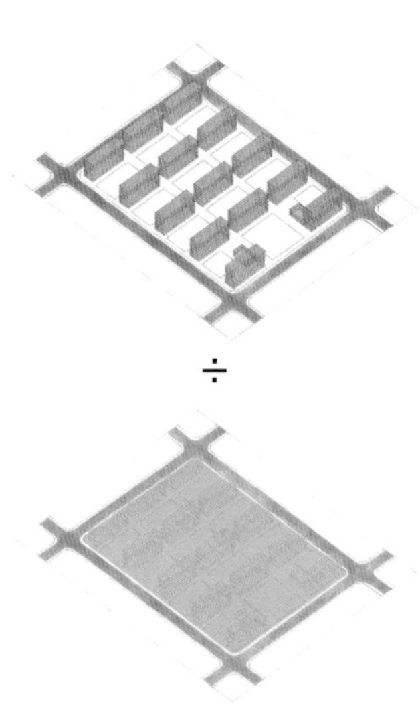

图 2-59　住宅用地容积率是居住街坊内，住宅建筑及其便民服务设施地上建筑面积之和与住宅用地总面积的比值

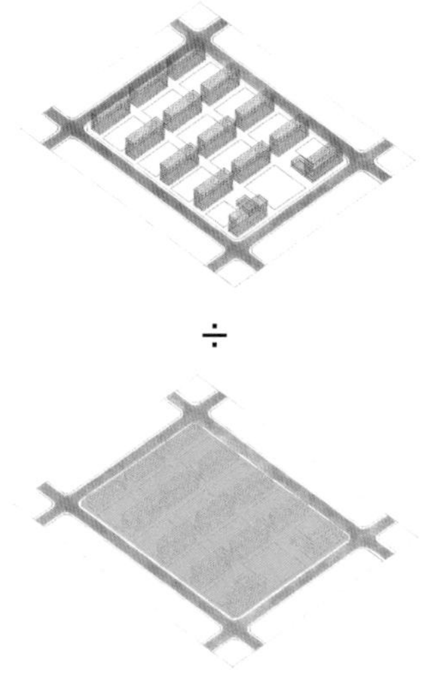

图 2-60　建筑密度是居住街坊内，住宅建筑及其便民服务设施建筑基底面积与该居住街坊用地面积的比率（%）

疑问解答：住宅用地小于 $2hm^2$ 及大于 $4hm^2$，如何执行《标准》？

《标准》的用地和建筑指标所针对的居住街坊用地面积为 2～$4hm^2$。小于 $2hm^2$ 的用地不应提高容积率，或可结合所在居住街坊、综合周边环境，统一按照《标准》的居住街坊指标执行；而大于 $4hm^2$ 的地块则应增加支路，形成 2 个或多个居住街坊。如果地块达到生活圈规模，还应符合生活圈居住区的指标控制要求。

疑问解答：容积率各档之间的取值算在上一档还是下一档？

住宅用地容积率是控制建设项目开发强度的关键性指标，一般只保留一位小数（如 1.5、2.1、3.0 等，控制性详细规划、建设用地规划许可证及其设计条件都是这样执行的），而且通常是用来控制建设规模上限的指标。如规划条件容积率是 1.5 时，对应的建筑面积通常是指最大容量，不能突破。

技术指标与计算方法

计算方法

居住区用地的计算

居住区用地计算方法应符合下列规定：

1. 居住区范围内与居住功能不相关的其他用地以及本居住区配套设施以外的其他公共服务设施用地，不应计入各级生活圈居住区用地。

2. 当周界为自然分界线时，各级生活圈居住区用地范围应算至用地边界。

3. 当周界为城市快速路或高速路时，居住区用地边界应算至道路红线或其防护绿地边界。快速路或高速路及其防护绿地不应计入各级生活圈居住区用地。

4. 当周界为城市干路或支路时，各级生活圈的居住区用地范围应算至道路中心线。

5. 居住街坊用地范围应算至周界道路红线，且不含城市道路。

6. 当与其他用地相邻时，居住街坊用地范围应算至用地边界。

生活圈居住区范围内通常会涉及不计入居住区用地的其他用地，主要包括：企事业单位用地、城市快速路和高速路及防护绿带用地、城市级公园绿地及城市广场用地、城市级公共服务设施及市政设施用地等，不直接为本居住区生活服务的各项用地，都不应计入居住区用地。

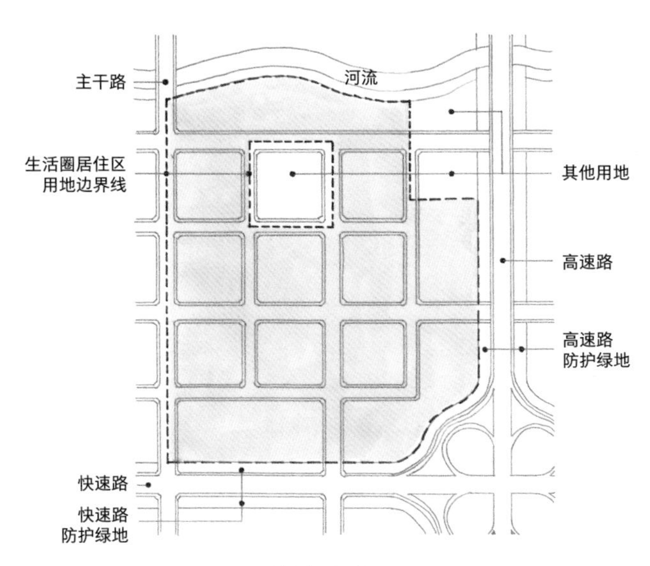

图 2-61　生活圈居住区用地范围划定规则示意

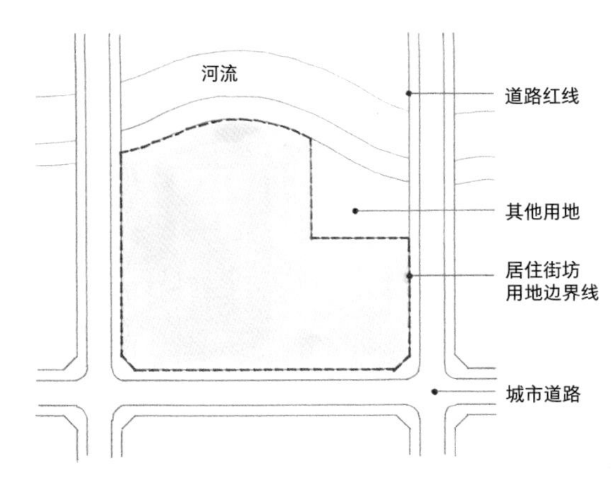

图 2-62　居住街坊范围划定规则示意

混合用地的计算

当住宅与配套设施（不含便民服务设施）混合建设时，其用地面积应按住宅和配套设施的地上建筑面积占该幢建筑总建筑面积的比率分摊计算用地面积，即按比例分摊住宅用地和配套设施用地。

疑问解答：混合用地的指标如何计算？

街坊内功能平面混合的情况按规则将非住宅用地划出，剩余居住街坊用地应符合《标准》指标要求。对于建筑功能竖向混合的情况（比如住宅有底商），按照各功能建筑面积占总建筑面积的比例来分配街坊用地。比如，街坊内住宅建筑面积占 50%，则住宅用地为街坊用地的 50%，住宅用地容积率要符合《标准》居住街坊的有关控制要求。

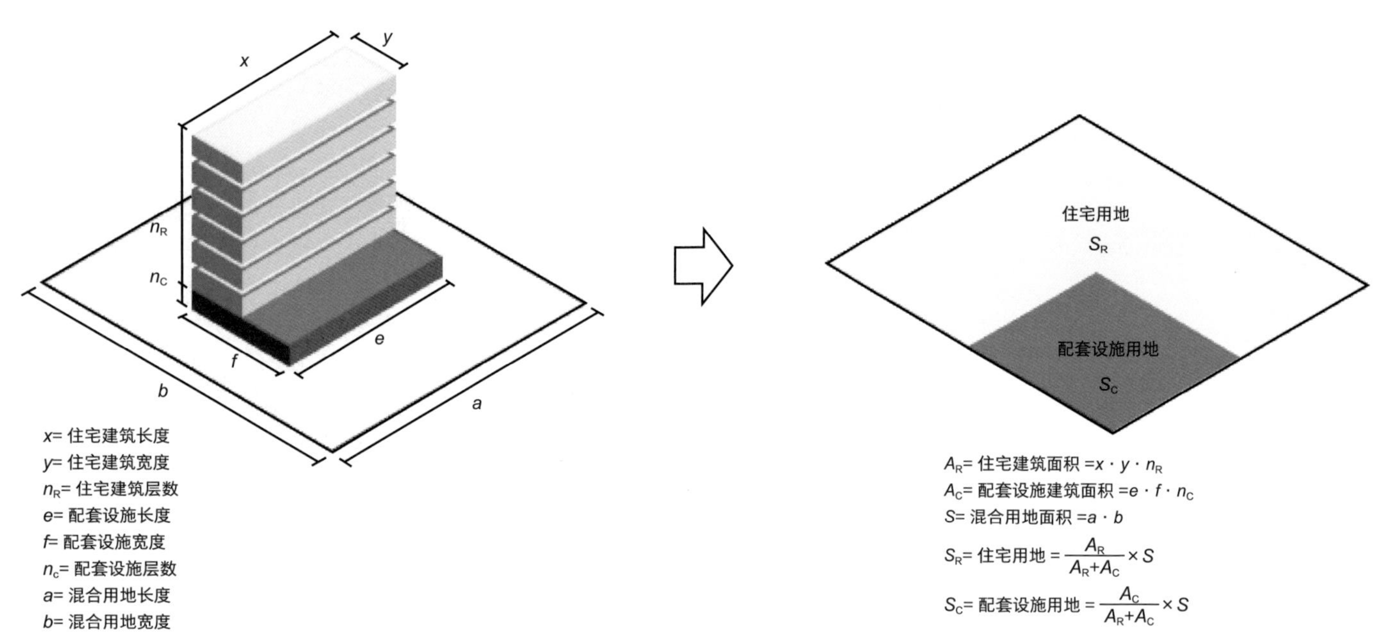

图 2-63　混合功能情况用地分配计算示意

街坊绿地的计算

居住街坊内绿地面积的计算方法应符合下列规定：

1. 满足当地植树绿化覆土要求的屋顶绿地可条件地计入绿地，绿地面积计算方法应符合所在城市绿地管理的有关规定。

2. 当绿地边界与城市道路邻接时，应算至道路红线；当与居住街坊附属道路临接时，应算至路面边缘；当与建筑物临接时，应算至距房屋墙脚1.0m处；当与围墙、院墙临接时，应算至墙脚。

3. 当集中绿地与城市道路临接时，应算至道路红线；当与居住街坊附属道路临接时，应算至距路面边缘1.0m处；当与建筑物临接时，应算至距房屋墙脚1.5m处。

通常满足当地植树绿化覆土要求、方便居民出入的地下或半地下建筑的屋顶绿地应计入绿地，不应包括其他屋顶、晒台的人工绿地。

根据《建筑地面设计规范》GB 50037−2013的规定，建筑四周应设置散水，散水的宽度宜为600～1000mm。因此，本《标准》规定，绿地计算至距建筑物墙脚1.0m处。

居住街坊集中绿地是方便居民户外活动的空间，为保障安全，其边界距建筑和道路应保持一定距离，因此，集中绿地比其他宅旁绿地的计算规则更为严格，距建筑物墙脚不应小于1.5m，距街坊内的道路路边不少于1.0m。

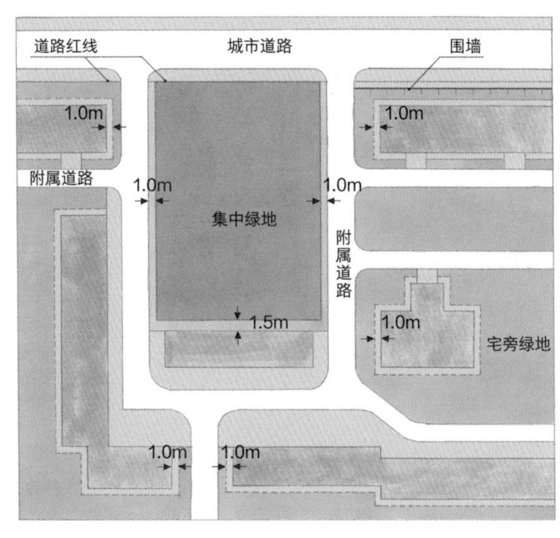

图2-64 居住街坊内绿地面积的计算方法

疑问解答：绿地率的概念和计算规则有什么变化？

《标准》绿地率概念只针对居住街坊提出，原因是构成生活圈居住区的四大类用地中，配套设施有相关建设标准规定绿地率，比如学校、医院都有相关绿地控制要求，城市道路也有道路绿化要求，公共绿地规定了人均指标，只有住宅用地需要规定其附属绿地的配置要求。

疑问解答：屋顶花园满足怎样的覆土条件可以计入绿地，且是否可以参与绿地率计算？

《标准》鼓励结合实际情况和气候条件采用垂直绿化、退台绿化等多种立体绿化形式增加"绿量"。但考虑到各地差异，绿地率的计算规则需参照各地方规划、园林等相关主管部门制定的绿地规划建设实施细则及相关规定。一般来说，地下车库上建设屋顶花园，覆土厚度达到所在地相关规定的绿化面积，可按一定比例计入绿地率，但居住街坊必须保证有一定面积的实土绿化，为海绵城市建设提供条件。

条文解读

5
配套设施

Neighborhood Facility

Provision Interpretations

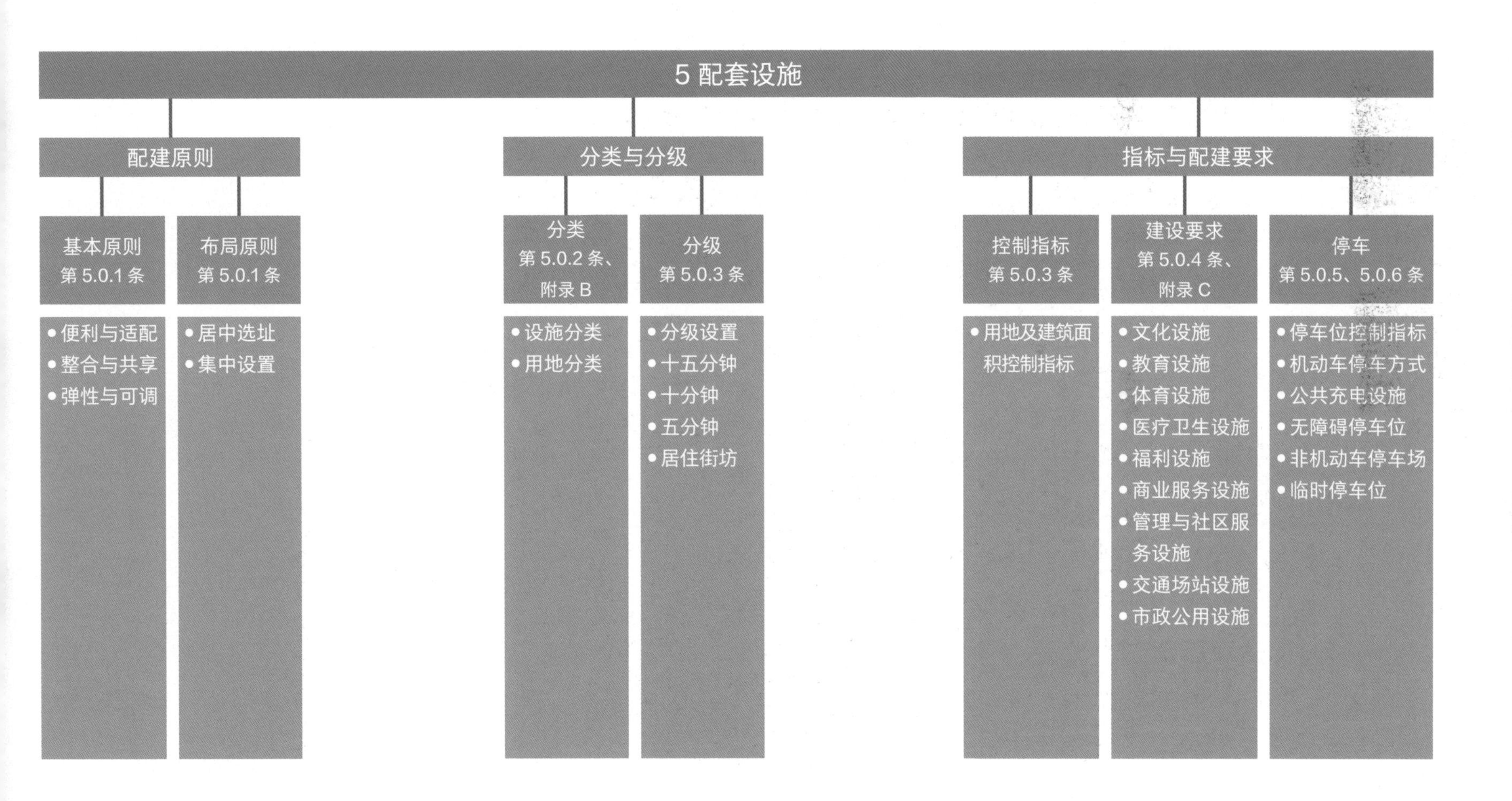
5 配套设施
配建原则
分类与分级
指标与配建要求
基本原则
第 5.0.1 条
布局原则
第 5.0.1 条
分类
第 5.0.2 条、
附录 B
分级
第 5.0.3 条
控制指标
第 5.0.3 条
建设要求
第 5.0.4 条、
附录 C
停车
第 5.0.5、5.0.6 条
• 便利与适配
• 整合与共享
• 弹性与可调
• 居中选址
• 集中设置
• 设施分类
• 用地分类
• 分级设置
• 十五分钟
• 十分钟
• 五分钟
• 居住街坊
• 用地及建筑面积控制指标
• 文化设施
• 教育设施
• 体育设施
• 医疗卫生设施
• 福利设施
• 商业服务设施
• 管理与社区服务设施
• 交通场站设施
• 市政公用设施
• 停车位控制指标
• 机动车停车方式
• 公共充电设施
• 无障碍停车位
• 非机动车停车场
• 临时停车位

《标准》条文

配套设施

5.0.1 配套设施应遵循配套建设、方便使用、统筹开放、兼顾发展的原则进行配置，其布局应遵循集中和分散兼顾、独立和混合使用并重的原则，并应符合下列规定：

1 十五分钟和十分钟生活圈居住区配套设施，应依照其服务半径相对居中布局。

2 十五分钟生活圈居住区配套设施中，文化活动中心、社区服务中心（街道级）、街道办事处等服务设施宜联合建设并形成街道综合服务中心，其用地面积不宜小于 1hm²。

3 五分钟生活圈居住区配套设施中，社区服务站、文化活动站（含青少年、老年活动站）、老年人日间照料中心（托老所）、社区卫生服务站、社区商业网点等服务设施，宜集中布局、联合建设，并形成社区综合服务中心，其用地面积不宜小于 0.3hm²。

4 旧区改建项目应根据所在居住区各级配套设施的承载能力合理确定居住人口规模与住宅建筑容量；当不匹配时，应增补相应的配套设施或对应控制住宅建筑增量。

5.0.2 居住区配套设施分级设置应符合本标准附录 B 的要求。

5.0.3 配套设施用地及建筑面积控制指标，应按照居住区分级对应的居住人口规模进行控制，并应符合表 5.0.3 的规定。

配套设施控制指标（m²/ 千人）　　　　表 5.0.3

类别		十五分钟生活圈居住区		十分钟生活圈居住区		五分钟生活圈居住区		居住街坊	
		用地面积	建筑面积	用地面积	建筑面积	用地面积	建筑面积	用地面积	建筑面积
总指标		1600 ~ 2910	1450 ~ 1830	1980 ~ 2660	1050 ~ 1270	1710 ~ 2210	1070 ~ 1820	50 ~ 150	80 ~ 90
其中	公共管理与公共服务设施 A 类	1250 ~ 2360	1130 ~ 1380	1890 ~ 2340	730 ~ 810	—	—	—	—
	交通场站设施 S 类	—	—	70 ~ 80	—	—	—	—	—
	商业服务业设施 B 类	350 ~ 550	320 ~ 450	200 ~ 240	320 ~ 460	—	—	—	—
	社区服务设施 R12、R22、R32	—	—	—	—	1710 ~ 2210	1070 ~ 1820	—	—
	便民服务设施 R11、R21、R31	—	—	—	—	—	—	50 ~ 150	80 ~ 90

注：1 十五分钟生活圈居住区指标不含十分钟生活圈居住区指标，十分钟生活圈居住区指标不含五分钟生活圈居住区指标，五分钟生活圈居住区指标不含居住街坊指标。
2 配套设施用地应含与居住区分级对应的居民室外活动场所用地；未含高中用地、市政公用设施用地，市政公用设施应根据专业规划确定。

5.0.4 **各级居住区配套设施规划建设应符合本标准附录 C 的规定。**

5.0.5 **居住区相对集中设置且人流较多的配套设施应配建停车场（库），并应符合下列规定：**

1 停车场（库）的停车位控制指标，不宜低于表 5.0.5 的规定；

2 商场、街道综合服务中心机动车停车场（库）宜采用地下停车、停车楼或机械式停车设施；

3 配建的机动车停车场（库）应具备公共充电设施安装条件。

配建停车场（库）的停车位控制指标（车位 /100m² 建筑面积）　　表 5.0.5

名称	非机动车	机动车
商场	≥ 7.5	≥ 0.45
菜市场	≥ 7.5	≥ 0.30
街道综合服务中心	≥ 7.5	≥ 0.45
社区卫生服务中心（社区医院）	≥ 1.5	≥ 0.45

5.0.6 **居住区应配套设置居民机动车和非机动车停车场（库），并应符合下列规定：**

1 机动车停车应根据当地机动化发展水平、居住区所处区位、用地及公共交通条件综合确定，并应符合所在地城市规划的有关规定；

2 地上停车位应优先考虑设置多层停车库或机械式停车设施，地面停车位数量不宜超过住宅总套数的 10%；

3 机动车停车场（库）应设置无障碍机动车位，并应为老年人、残疾人专用车等新型交通工具和辅助工具留有必要的发展余地；

4 非机动车停车场（库）应设置在方便居民使用的位置；

5 居住街坊应配置临时停车位；

6 新建居住区配建机动车停车位应具备充电基础设施安装条件。

概述

《标准》强调以满足居住区居民的服务需求为导向，推动基层公共服务均等化、精细化、专业化和标准化。

随着人们生活水平提升，居民对居住区基层公共服务有了新需求，同时国家对基层公共服务也提出了新的发展要求，这些新需求和新要求都需要得到落实和对接。此外，基层公共服务供给侧改革是我国社区治理的重要内容之一，国家还出台了一系列供给服务设施的建设标准、各类市政设施专项规划标准等，居住区配套设施配置是基层服务供给的源头，如何在源头做好与管理主体的统筹衔接也是《标准》面临的重要命题之一。

因此，本次修订思路主要围绕五方面展开：第一，增加基层公共服务内容。结合新时期人民对生活的新需求，增补配套服务设施内容，提高配套设施配置标准，尤其是结合较为弱势的老年人、儿童等居民的差异性生活服务需求。第二，建立多层次的配套设施服务体系。配套设施配置强调以人为本，充分考虑居民对配套设施的使用频率，统筹考虑不同年龄段居民活动出行特点和设施运营适宜规模等因素，优先满足较为弱势的老人、儿童等居民就近获取生活服务的特异性需求，结合生活圈营造和居住区分级控制规模，提出了三级生活圈和居住街坊多层级配套设施配置要求，推动各级生活圈居住区成为全体居民具有归属感和家园认同的空间单元。第三，落实国家社区治理的要求。通过“ 生活圈居住区”服务平台的搭建，使得居住区的规划建设建立与街道、社区居委会等基层治理的行政主体建立衔接通道，以更好地促进社区服务的均等化和精细化。第四，重新梳理基层服务设施配建要求。为指导实施，进一步细化底线设施、预留设施等分类，通过“必配设施”“宜配设施”和“其他设施”，既实现配套设施保底线，也可以适应基层差异性的服务需求，为未来发展的潜在设施需求预留弹性。第五，修订中还增加了配套设施建设方式的建议。强调基层同类服务空间的统筹与整合，以及五分钟生活圈居住区和十五分生活圈居住区基层服务中心的集中设置，既方便居民便捷使用，也可促进空间利用的集约高效。

疑问解答：配套设施主要调整了哪些内容?

总体来说配套设施重点调整了如下内容：第一，补短板，保底线。重点保障一老一小等弱势群体的服务设施供给问题，同时对基层体育设施等短板做了配置要求的补充。第二，促公平，提质量。围绕基层医疗、教育均等化、服务提质，提高了相应设施的配置要求。第三，新增需求有应对。增加针对新能源汽车、电动自行车和共享单车停车、物流送达设施等新生设施的配置要求。第四，配合放管服张弛有度。简化了部分商业设施的配置要求，但强化了菜市场等老百姓菜篮子工程的底线要求。第五，应对未来需求弹性有序。强调为配套设施未来可能的需求预留一定的发展用地，做好弹性预留。

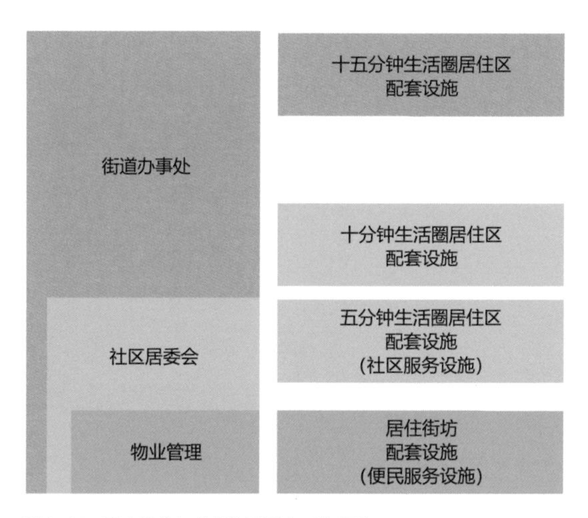

图 2-65　配套设施与基层治理平台对接示意

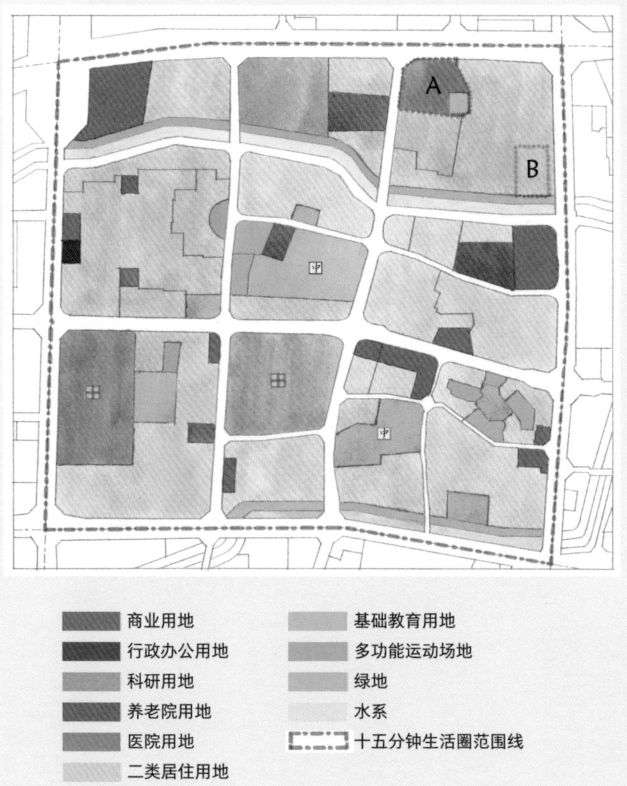

图 2-66　某城市旧城改造 A+B 地块控制性详细规划调整

某城市旧城改造 A+B 地块控制性详细规划调整

A、B 地块为某市旧城改造中两块用地，控制性详细规划调整中先在十五分钟生活圈居住区范围内校核服务设施的配给数量，通过十五分钟服务圈居住区范围的设施核查，发现该地区的教育设施缺乏，提出应增加 A 地块中的幼儿园用地规模；并应增设养老服务站一处；增设综合停车设施，在保证满足小区停车需求的基础上，提供约 300 个停车位，向社会开放使用。上述设施增补内容纳入了控制性详细规划及其规划许可的设计条件中。

配建原则

基本原则

便利与适配

配套设施应按照十五分钟、十分钟、五分钟 3 个生活圈居住区和居住街坊，共 4 个层级对应配套建设生活服务设施，让越常用、方便度要求越高的生活服务设施越靠近家门口。各级公共服务设施应按照合理的服务半径进行配置，也应统筹考虑配套设施的服务运营要求，实现高质量服务。配套设施应与住宅同步规划、同步建设，并同期投入使用。

同时，配套设施的配建内容与规模应与居住人口规模、人口结构相适应。例如：老年人较多的社区应优先考虑在旧区更新中结合需求增补养老服务设施。

旧区改建的项目应根据配套设施的承载能力合理确定居住人口规模与住宅建筑容量，优先增补相应的配套设施或控制住宅建筑容量，达到配套设施与人口规模的适配。

整合与共享

配套设施宜对各类服务功能进行空间统筹与整合，例如老年人活动站、青少年活动站等可统筹为社区服务站；幼儿园和养老院可以联合设置，共享活动学习空间，促进老人和儿童的相互交流与关怀。共享整合有利于土地空间的集约利用，实现设施的高效复合使用。

居住区各项配套设施还应坚持开放共享的原则，例如中、小学的体育活动场地可以考虑错时对社会开放，作为居民的体育活动场地，提高公共设施的使用效率。

弹性与可调

配套设施还应留有适度弹性，给未来增加服务设施项目或调整设施服务功能留有余地。各城市新建居住区可结合实际情况在五分钟生活圈居住区层级预留部分弹性用地。同时，建议探索研究各类配套设施建设适宜的兼容性用地，为老旧小区改造配套设施建设补短板提供政策空间。

配建原则

布局原则

居中选址

为提高配套设施的服务水平，生活圈居住区配套设施，宜依照其服务半径要求相对居中布局，设置在生活圈或服务范围的中心地段。居住街坊便民服务设施可结合居住街坊主要出入口布局。

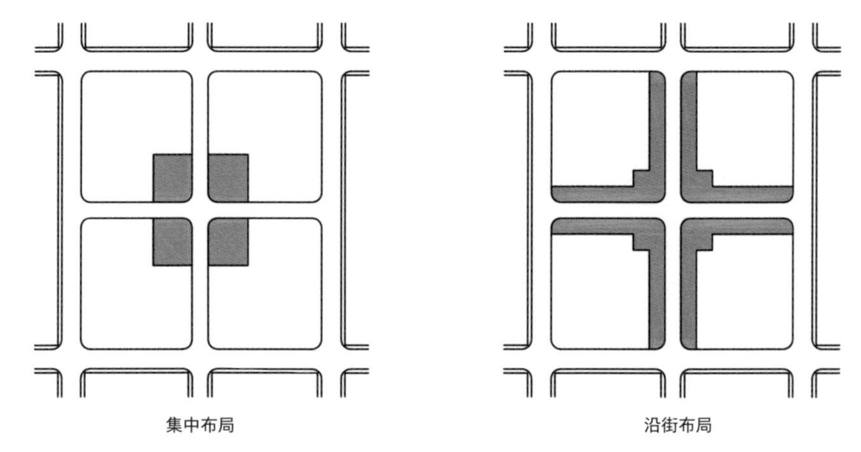

图 2-67　居住区服务中心布局选址示意

集中设置

鼓励同级别生活服务设施在不影响使用的前提下集中设置与建设，可结合公共绿地、各类活动场地等开放空间集中紧凑布局，方便居民使用。建议同级别的公共管理设施以及文体设施、医疗卫生服务设施、养老服务等公益服务设施相对集中布局，并引导市场化配置的商业服务业等配套设施集中建设，形成居住区生活中心。

有条件的城市新区应鼓励基层公共服务设施集中建设，即根据配套设施使用要求，在便于使用、便于运营、互不干扰、节约用地的前提下，将相关设施集中建设形成建筑综合体或“服务一条街”，形成城市基层服务“小、微中心”，为老百姓提供便捷的“一站式”公共服务。

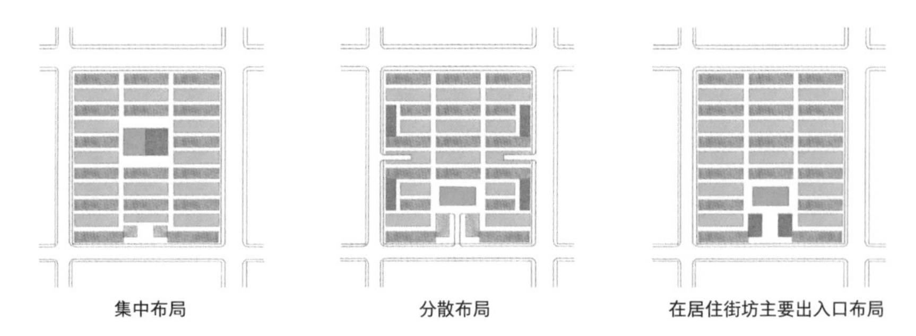

图 2-68　居住街坊服务设施布局示意

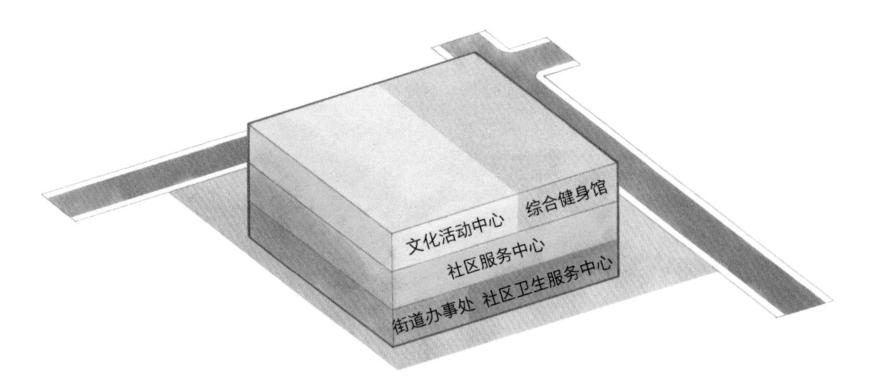

图 2-69　居住区服务中心联建示意

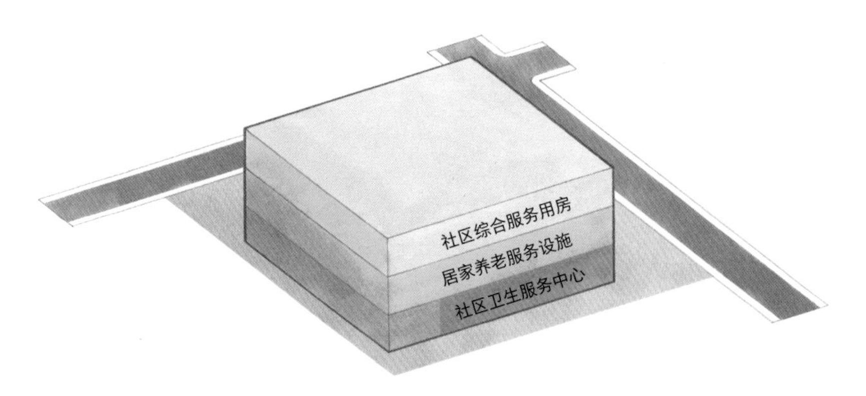

图 2-70　小区服务中心联建示意

疑问解答：十五分钟生活圈居住区配套设施中，文化活动中心与社区服务中心、街道办事处等服务设施宜联合建设并形成街道服务中心。“联合建设”有哪些方式？

文化活动中心属于城市文化活动设施，在调研中部分城市采用文化活动用地兼容其他功能的方式，在一宗用地内建设综合服务楼，实现了十五分钟生活圈各类配套设施的联合建设；也有中小城市选择街道办事处独立占地，但选址与文化活动中心和社区服务中心的综合楼毗邻。

分类与分级

分类

设施分类

从服务对象角度看，居住区配套设施可分为生活服务类设施和市政保障类设施。

生活服务类设施包括文化设施、教育设施、体育设施、医疗卫生设施、社会福利设施、社区服务设施、交通设施和部分环卫设施（公厕）等；市政保障类设施主要是按照一定服务范围配建、保障建筑正常运行的设施，包括开闭所、燃料供应站、燃气调压站、供热站等市政设施。

生活服务类设施和市政保障类设施在配置目标上有较大的差异性。前者应满足居民的日常服务需求，强调设施的步行可达，常常以步行时空距离作为设施配置的主导要求，设施配建强调均衡性和公平性。后者需要保障建筑和住区的正常运转，强调设施应符合适宜服务规模与范围的要求，并应符合设施规模化运行的经济合理性。

从使用频率角度看，在各类配套设施中，使用频率最高的一些设施，《标准》综合考虑使用者活动能力等因素之后，将部分纳入五分钟生活圈范围，统称为社区服务设施；部分纳入居住街坊范围，称为便民服务设施。

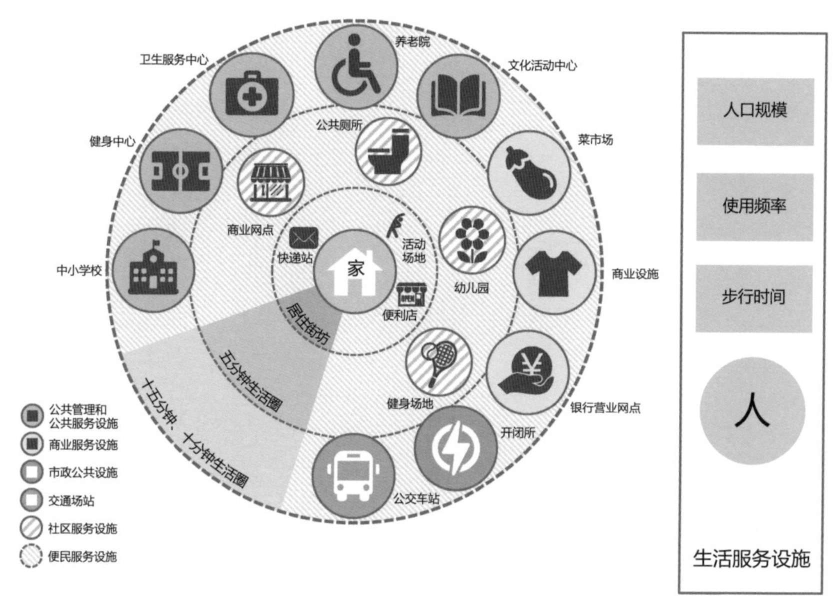

图 2-71　生活服务设施配套应满足人的基本需求

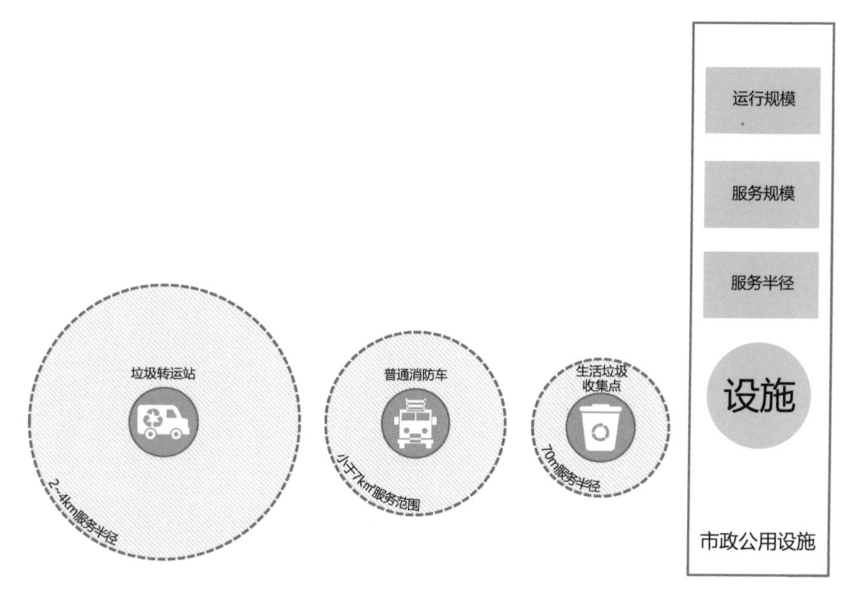

图 2-72　保障类设施配套应符合该设施适宜的服务规模与范围的要求

从配建要求角度看，为保障配套设施满足居民基本生活需求，同时也能对一些新出现的服务需求有所回应，《标准》提出，配套设施可分为“应配建的项目”和“根据实际情况按需配建的项目”两类。

生活服务类设施中“应配建的项目”是满足居民基本生活需求、必须设置的设施；“根据实际情况按需配建的项目”是为提升居民的生活品质，可根据地方人口结构、居民需求等因素选择性设置的设施。有的城市将“应配建的项目”称为基础类设施，“根据实际情况按需配建的项目”称为品质提升类设施。

市政保障类设施中“应配建的项目”是按照服务规模或范围要求必须设置的设施；“按照实际情况按需配建的项目”是需要根据区域要求和具体专项规划，在更大服务范围内进行统筹和优化的保障类设施。

在《标准》各个层级配套设施中还预留了“其他项目”，主要为日后基层生活服务的新需求留有余地，各城市可结合地方实际情况为住区可能出现的新增服务设施做出预留安排。

另外，按建设方式的不同，配套设施可划分为三类，包括：

“应独立占地的设施”表示该设施不应与其他设施混合使用建设用地，主要包括教育设施和垃圾转运站等具有邻避效应的设施。

“宜独立占地的设施”（含宜独立设置）表示应尽可能保障该类设施的独立用地（或单独设置），主要包括基层体育活动场地、医疗、养老、托儿所、派出所、公交车站和具有特殊用地需求的市政公用设施。

“可联合设置”及“可联合建设”表示该设施可以考虑与其他设施混合设置或联合建设。可将功能相近、服务人群相近的配套设施统筹布局或联合建设，例如老年人日间照料中心可与社区卫生服务站集中布局，方便老年人使用；有些体育活动场可结合公共绿地布局，提高土地使用效率。

用地分类

居住区配套设施用地涉及多类建设用地，按照《用地分类标准》，十五分钟、十分钟生活圈居住区配套设施用地主要包括公共管理与公共服务设施用地、商业服务业设施用地、交通场站设施用地和公用设施用地；五分钟生活圈居住区的配套设施，即社区服务设施属于居住用地中的服务设施用地；居住街坊的便民服务设施属于住宅用地。

分类与分级

分级

分级设置

根据居民对配套设施的使用频率、不同年龄段居民活动半径特点和设施运营适宜规模等因素，将居住区配套设施分为四个层级即十五分钟、十分钟、五分钟三个生活圈居住区层级的配套设施以及居住街坊层级的配套设施。

理想情况下，一个十五分钟圈居住区内含有若干个十分钟生活圈居住区，一个十分钟生活圈居住区含有若干个五分钟生活圈居住区，一个五分钟生活圈居住区含有若干个居住街坊，不同生活圈满足相应的生活需求。实际情况中，因为区位、地貌、新旧区等差异比较复杂，很难保障各层级生活圈居住区都均衡完整。

居住街坊配套设施称为便民服务设施，为日常生活提供便捷服务，管理上可对应物业管理单元。五分钟生活圈配套设施可以满足居民以“天”为单位的基本生活需求，例如老年人日间照料中心、老年人综合健身场地、幼儿园等，管理上可与社区居委会对接，成为较为独立的社区服务单元。十五分钟生活圈居住区配套设施可以满足居民以“周”为单位的基本生活需求，基层文化、教育、体育、医疗卫生、社会福利等公共服务设施和公共绿地配置完善，配有街道层级的社区服务与管理功能，形成管理上相对独立、完整的城市居住区。

实际应用中，应根据一些边界因素（如河流、山体、干路、行政管理边界、控规单元划分等因素）来具体确定生活圈的范围，以便于配置或者校核生活圈配套设施及公共绿地。

需要注意的是，生活圈和生活圈居住区是不同的概念，生活圈范围内通常会涉及不计入居住区用地的其他用地，在扣除这些不是直接为本居住区生活服务的各项用地后，才称为生活圈居住区。

另外，生活圈在具体划定时是具有较大弹性的，不必过于拘泥，比如在相同半径下，圆的外切方形的面积是内接方形的 2 倍，实际应用中，郊区由于人口密度低，生活圈可划大一些，而中心区人口密度高，则可以划小一些，主要还是要让服务设施与人口规模适配。

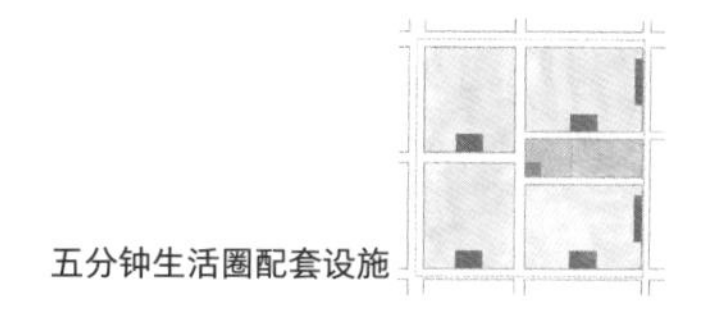

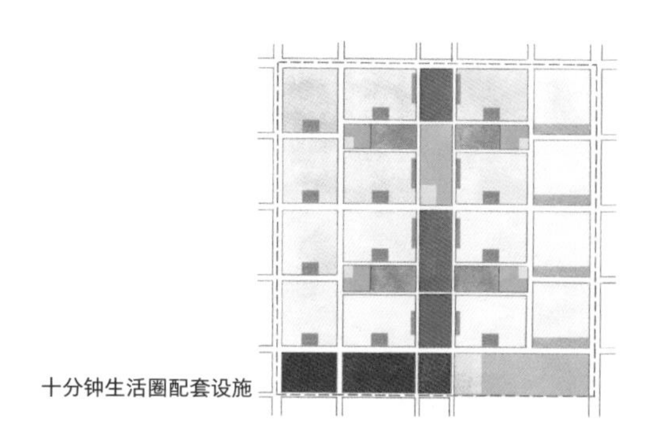

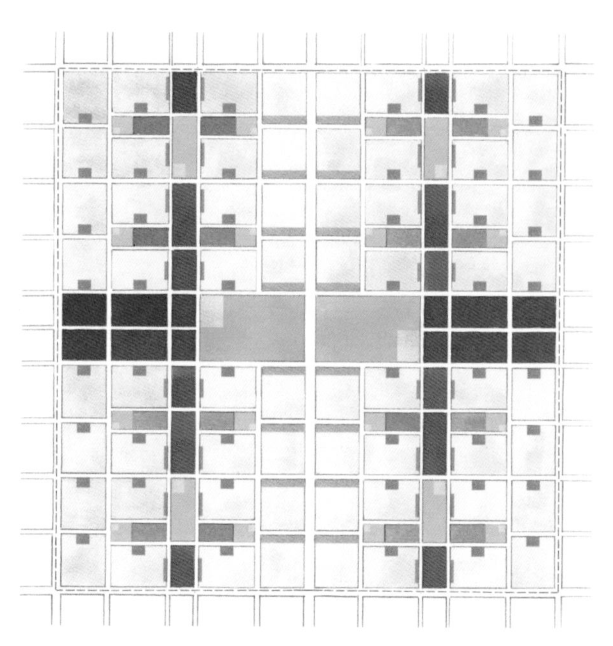

图 2-73　十五分钟生活圈四层级配套设施分布示意

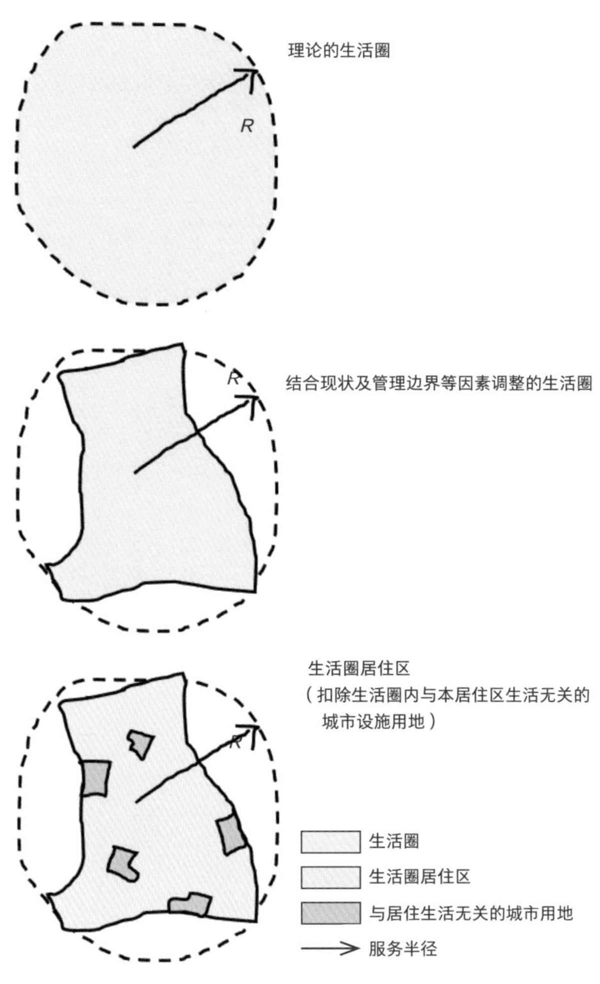

图 2-74　生活圈居住区划定示意

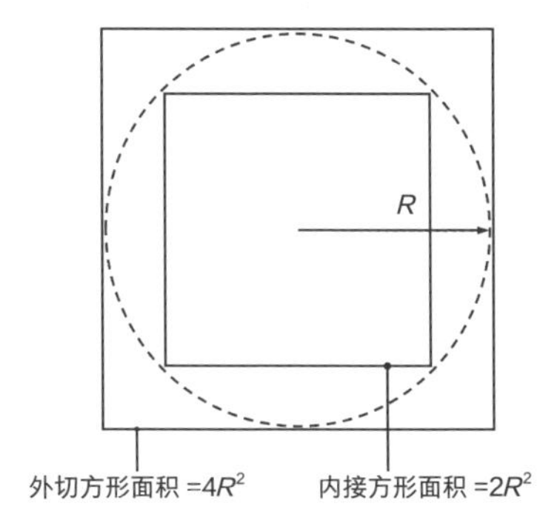

图 2-75　生活圈居住区范围的不同计算方式示意

疑问解答：《标准》采用步行距离形成的生活圈进行分级划分，请问如何在控制性详细规划阶段进行生活圈划分？哪些配套设施需在控制性详细规划阶段予以明确？

控制性详细规划阶段建议按照各级生活圈服务人口和服务半径双控的方式逐级落实各类配套设施，中小学、社区卫生服务中心、文化活动中心、街道办事处、多功能体育运动场地等公益性服务设施都需要在控制性详细规划中明确配置要求。此外，还需注意社区服务设施用房建议结合五分钟生活圈的社区活动站等居民活动设施集中配置，部分城市采用按照每个居住街坊常住人口比例进行设施用房配套，这样的建设方式配建便民服务设施是比较适合的，但作为生活圈居住区的配建，可能会导致社区用房过于零散，不利于社区活动的组织与服务。

疑问解答：在控制性详细规划未修改前（未进行相应层级的生活圈划定及相关服务设施的安排），规划条件中如何保障相应层级的公共服务设施？

《标准》对居住区配套设施配置内容和指标等都已结合居民对生活服务新发展需求做了较大的修改，一般来说城市目前的控制性详细规划很可能没有覆盖到这些设施，因此需要各个城市尽快启动全市范围的生活圈规划或社区规划，或结合街道、社区等基层管理层级，分别对应《标准》十五分钟、五分钟生活圈居住区，对各类应配设施进行专项的校核和调整，对提高城市基层公共服务能力还是很必要的。现阶段启动调整比将来建成后面临增补设施的困境更能够解决实际问题。

十五分钟生活圈居住区配套设施

十五分钟生活圈居住区是配套设施较为完备的生活区，对应的服务人口约 50000 ~ 100000 人；配套设施包括初中、大型多功能运动场地、卫生服务中心、养老院、文化活动中心、社区服务中心等，可形成一个街道级综合服务中心，服务半径不宜大于 1000m。

十五分钟生活圈居住区配套设施包括 9 类 32 项（不包括《标准》中“其他”类设施），具体内容详见表 2-26。

十五分钟生活圈居住区配套设施涉及一些选配的设施，包括体育馆（场）或全民健身中心、派出所、市政公用设施、交通场站设施。体育馆（场）或全民健身中心及派出所建议结合各城市实际情况和设置标准配套建设；市政公用设施、交通场站设施建议结合相关专业规划或标准进行配置，其中非机动车停车场和机动车停车场指社会停车场。

服务十五分钟生活圈居住区的配套设施　　表 2-26

<table>
<tr><th colspan="2" rowspan="2">设施类别</th><th colspan="2">必配项目设置规定</th><th colspan="2">选配项目设置规定</th></tr>
<tr><th>项目名称</th><th>建设方式</th><th>项目名称</th><th>建设方式</th></tr>
<tr><td rowspan="10">公共管理和公共服务设施</td><td>教育设施</td><td>初中</td><td>应独立占地</td><td>—</td><td>—</td></tr>
<tr><td>体育设施</td><td>大型多功能运动场地</td><td>宜独立占地</td><td>体育馆（场）或全民健身中心</td><td>可联合建设</td></tr>
<tr><td rowspan="2">医疗设施</td><td>卫生服务中心（社区医院）</td><td>宜独立占地</td><td rowspan="2">—</td><td rowspan="2">—</td></tr>
<tr><td>门诊部</td><td>可联合建设</td></tr>
<tr><td rowspan="2">社会福利设施</td><td>养老院</td><td rowspan="2">宜独立占地</td><td rowspan="2">—</td><td rowspan="2">—</td></tr>
<tr><td>老年养护院</td></tr>
<tr><td>文化设施</td><td>文化活动中心（含青少年、老年活动中心）</td><td>可联合建设</td><td>—</td><td>—</td></tr>
<tr><td rowspan="3">行政服务</td><td>社区服务中心（街道级）</td><td rowspan="3">可联合建设</td><td rowspan="3">派出所</td><td rowspan="3">宜独立占地</td></tr>
<tr><td>街道办事处</td></tr>
<tr><td>司法所</td></tr>
<tr><td colspan="2" rowspan="5">商业服务业设施</td><td>商场</td><td rowspan="5">可联合建设</td><td rowspan="5">健身房</td><td rowspan="5">可联合建设</td></tr>
<tr><td>餐饮设施</td></tr>
<tr><td>银行营业网点</td></tr>
<tr><td>电信营业网点</td></tr>
<tr><td>邮政营业场所</td></tr>
<tr><td colspan="2" rowspan="8">市政公用设施</td><td rowspan="8">开闭所</td><td rowspan="8">可联合建设</td><td>燃料供应站</td><td>宜独立占地</td></tr>
<tr><td>燃气调压站</td><td>宜独立占地</td></tr>
<tr><td>供热站或热交换站</td><td>宜独立占地</td></tr>
<tr><td>通信机房</td><td>可联合建设</td></tr>
<tr><td>有线电视基站</td><td>可联合设置</td></tr>
<tr><td>垃圾转运站</td><td>应独立占地</td></tr>
<tr><td>消防站</td><td>宜独立占地</td></tr>
<tr><td>市政燃气服务网点和应急抢修站</td><td>可联合建设</td></tr>
<tr><td colspan="2" rowspan="4">交通场站设施</td><td rowspan="4">公交车站</td><td rowspan="4">宜独立设置</td><td>轨道交通站点</td><td rowspan="4">可联合建设</td></tr>
<tr><td>公交首末站</td></tr>
<tr><td>非机动车停车场（库）</td></tr>
<tr><td>机动车停车场（库）</td></tr>
</table>

十分钟生活圈居住区配套设施

在十分钟生活圈内，应按照人口规模 15000～25000 人配置十分钟生活圈居住区配套设施，主要包括小学、中型多功能运动场地、菜市场等，服务半径不宜大于 500m。

《标准》结合全国不同城市基层生活圈构建的差异性，提出“十分钟生活圈居住区”层级。从实践看，十五分钟和五分钟生活圈因可与街道、社区居委会相衔接，相对较容易形成具有层级意义的服务中心，十分钟生活圈在具体规划中主要为满足“大社区”或“小街道”而设立，很多城市存在街道规模过小或社区规模过大的实际情况，上述城市可以选择以十分钟生活圈为依托，对接“大社区”或“小街道”。在街道和社区规模都相对标准的城市，十分钟生活圈层级可更多地从单项配套设施按空间分布进行配置的角度保障该生活圈的各类设施的均衡配置。

十分钟生活圈居住区配套设施包括 5 类 22 项（不包括《标准》中“其他”类设施），具体内容详见表 2-27。

健身房作为十五分钟、十分钟生活圈居住区选配项目，可通过市场调节补充居民对体育活动场地的差异性需求。市政公用设施和交通场站设施按照专业规划要求进行配置。

服务十分钟生活圈居住区的配套设施　　表 2-27

<table>
<tr><th colspan="2" rowspan="2">设施类别</th><th colspan="2">必配项目设置规定</th><th colspan="2">选配项目设置规定</th></tr>
<tr><th>项目名称</th><th>建设方式</th><th>项目名称</th><th>建设方式</th></tr>
<tr><td rowspan="2">公共管理和公共服务设施</td><td>教育设施</td><td>小学</td><td>应独立占地</td><td>初中</td><td>应独立占地</td></tr>
<tr><td>体育设施</td><td>中型多功能运动场地</td><td>宜独立占地</td><td>—</td><td>—</td></tr>
<tr><td colspan="2" rowspan="5">商业服务业设施</td><td>商场</td><td rowspan="5">可联合建设</td><td rowspan="5">健身房</td><td rowspan="5">可联合建设</td></tr>
<tr><td>菜市场或生鲜超市</td></tr>
<tr><td>餐饮设施</td></tr>
<tr><td>银行营业网点</td></tr>
<tr><td>电信营业网点</td></tr>
<tr><td colspan="2" rowspan="8">市政公用设施</td><td rowspan="8">—</td><td rowspan="8">—</td><td>开闭所</td><td>可联合建设</td></tr>
<tr><td>燃料供应站</td><td>宜独立占地</td></tr>
<tr><td>燃气调压站</td><td>宜独立占地</td></tr>
<tr><td>供热站或热交换站</td><td>宜独立占地</td></tr>
<tr><td>通信机房</td><td>可联合建设</td></tr>
<tr><td>有线电视基站</td><td>可联合设置</td></tr>
<tr><td>垃圾转运站</td><td>应独立占地</td></tr>
<tr><td>市政燃气服务网点和应急抢修站</td><td>可联合建设</td></tr>
<tr><td colspan="2" rowspan="4">交通场站设施</td><td rowspan="4">公交车站</td><td rowspan="4">宜独立设置</td><td>轨道交通站点</td><td rowspan="4">可联合建设</td></tr>
<tr><td>公交首末站</td></tr>
<tr><td>非机动车停车场（库）</td></tr>
<tr><td>机动车停车场（库）</td></tr>
</table>

五分钟生活圈居住区配套设施（社区服务设施）

五分钟生活圈居住区配套设施应按照人口规模 5000～12000 人配置社区服务设施，形成社区级综合服务中心，服务半径不宜大于 300m。

五分钟生活圈居住区配套设施包括16项（不包括《标准》中“其他”设施），具体内容详见表2-28。

室外综合健身场地（含老年人户外活动场地）宜独立占地，可结合五分钟生活圈的公共绿地即居住区公园进行建设，但应满足《标准》提出的居住区公园体育活动场地占地比例要求，不超过居住区公园面积的 15%。

服务五分钟生活圈居住区的配套设施（社区服务设施） 表2-28

设施类别	必配项目设置规定		选配项目设置规定	
	项目名称	建设方式	项目名称	建设方式
社区服务设施	社区服务站（含居委会、治安联防站、残疾人康复室）	可联合建设	社区食堂	可联合建设
	文化活动站（含青少年活动站、老年活动站）	可联合建设	托儿所	可联合建设
	小型多功能运动（球类）场地	宜独立占地	社区卫生服务站	可联合建设
	室外综合健身场地（含老年户外活动场地）	宜独立占地	公交车站	宜独立设置
	幼儿园	宜独立占地	非机动车停车场（库）	可联合建设
	老年人日间照料中心（托老所）	可联合建设	机动车停车场（库）	可联合建设
	社区商业网点（超市、药店、洗衣店、美发店等）	可联合建设		
	再生资源回收点	可联合设置		
	生活垃圾收集站	宜独立设置		
	公共厕所	可联合建设		

居住街坊配套设施（便民服务设施）

居住街坊人口规模 1000～3000 人，用地面积 2～4hm^2，应配置街坊层级的配套服务设施（便民服务设施）。

居住街坊配套设施包括 8 项（不包括《标准》中“其他”设施），具体内容详见表 2-29。

居住街坊的配套设施一般设置在住宅建筑底层，通常是住宅用地按比例兼容的便民服务设施，其用地不需单独计算。

服务居住街坊的配套设施（便民服务设施） 表2-29

设施类别	必配项目设置规定	
	项目名称	建设方式
便民服务设施	物业管理与服务	可联合建设
	儿童、老年人活动场地	宜独立占地
	室外健身器械	可联合设置
	便利店（菜店、日杂等）	可联合建设
	邮件和快递送达设施	可联合设置
	生活垃圾收集点	宜独立设置
	居民非机动车停车场（库）	可联合建设
	居民机动车停车场（库）	可联合建设

指标与配建要求

控制指标

用地及建筑面积控制指标

居住区配套设施考虑自上而下的用地预留和自下而上局部更新改造的双重需求，仍采用以每千居民所需的建筑面积和用地面积（简称千人指标）作为指导规划和建设的控制性指标，设置了总指标和五类设施（公共管理与公共服务设施、交通场站设施、商业服务业设施、社区服务设施、便民服务设施）指导性分项指标。这些控制指标是综合分析了我国已建居住区的建设实例，同时落实国家有关公共服务的基本要求，剔除了不合理因素和特殊情况后综合确定的，是对居住区配套建设进行总体控制的指标。

同时，《标准》也结合具体项目设置需求，提出了各类单项设施的服务内容、最小服务规模、设置要求等内容。

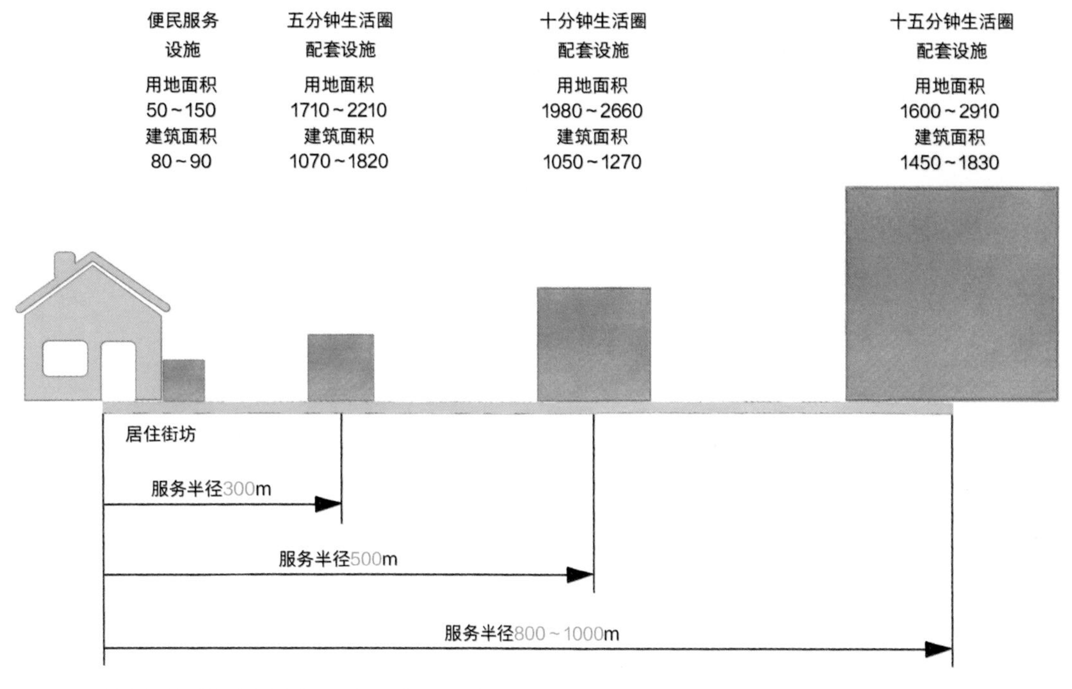

图 2-76　不同层级生活圈居住区配套设施配建千人指标（m^2/千人）

疑问解答：配套设施的千人指标有哪些调整？千人指标最大值和最小值选择中应注意哪些内容？

本次修订提高了居住区教育设施、体育设施、社会福利设施等千人指标控制值，同时将各层级生活圈居住区的千人指标从包含更小范围层级指标调整为非包含关系的指标，更方便在规划中直接使用千人指标。其中十五分钟生活圈居住区指标不包含十分钟生活圈对应指标，十分钟生活圈居住区指标不包含五分钟生活圈对应指标，五分钟生活圈居住区指标不含居住街坊对应指标。

千人指标的底线值为配套设施指标的最低值，对应所有必须配置的配套设施的总建筑面积之和和总用地面积指标之和，但未包含高中用地、市政设施用地。市政设施应根据专业规划确定。千人指标的高限值考虑了部分宜配置设施的控制指标，各城市可以结合居住区常住人口的人口结构、服务需求等实际情况统筹取值。

配套设施控制指标（m^2/ 千人）　　　　表 2-30

类别		十五分钟生活圈居住区		十分钟生活圈居住区		五分钟生活圈居住区		居住街坊	
		用地面积	建筑面积	用地面积	建筑面积	用地面积	建筑面积	用地面积	建筑面积
总指标		1600 ~ 2910	1450 ~ 1830	1980 ~ 2660	1050 ~ 1270	1710 ~ 2210	1070 ~ 1820	50 ~ 150	80 ~ 90
其中	公共管理与公共服务设施 A 类	1250 ~ 2360	1130 ~ 1380	1890 ~ 2340	730 ~ 810	—	—	—	—
	交通场站设施 S 类	—	—	70 ~ 80	—	—	—	—	—
	商业服务业设施 B 类	350 ~ 550	320 ~ 450	200 ~ 240	320 ~ 460	—	—	—	—
	社区服务设施 Rx2	—	—	—	—	1710 ~ 2210	1070 ~ 1820	—	—
	便民服务设施 Rx1	—	—	—	—	—	—	50 ~ 150	80 ~ 90

注：1．十五分钟生活圈居住区指标不含十分钟生活圈居住区指标，十分钟生活圈居住区指标不含五分钟生活圈居住区指标，五分钟生活圈居住区指标不含居住街坊指标。
2．配套设施用地应含与居住区分级对应的居民室外活动场所用地；未含高中用地、市政公用设施用地，市政公用设施应根据专业规划确定。

指标与配建要求

建设要求

文化设施

文化设施方面，《标准》延续了《规范》的要求，对单项设施规模要求进行了修订，结合相关标准，新增了党员教育、后勤服务、办公管理、开放空间等服务内容；提出了文化活动中心的控制指标建筑面积宜取 60m²/ 千人，用地面积宜取 60～120m²/ 千人。

同时，《标准》结合案例城市出台的社区公共设施规划规范和文化设施专项规划，在“文化活动中心”服务内容中落实了国家《中国儿童发展纲要》的发展要求，增加儿童之家，为困难家庭儿童提供必要服务以及向全体儿童提供适当社区活动空间。此外，《标准》还增加了服务半径等设置要求。

文化设施规划建设控制要求　　表 2-31

服务范围	设施名称	单项规模		服务内容	设置要求
		建筑面积（m^2）	用地面积（m^2）		
十五分钟生活圈	文化活动中心*（含青少年活动中心、老年活动中心）	3000～6000	3000～12000	开展图书阅览、科普知识宣传与教育，球类、棋类、科技与艺术等活动；宜包括儿童之家服务功能；可配置影视厅、舞厅、游艺厅	(1) 宜结合或靠近绿地设置； (2) 服务半径不宜大于 1000m
五分钟生活圈	文化活动站	250～1200	—	书报阅览、书画、文娱、健身、音乐欣赏、茶座等，可供青少年和老年人活动的场所	(1) 宜结合或靠近公共绿地设置； (2) 服务半径不宜大于 500m

注：加 * 的配套设施，其建筑面积与用地面积规模应满足国家相关规划标准有关规定。

教育设施

教育设施方面，《标准》不再将高中作为居住区配套设施，各地可结合城市教育发展政策，与高职等学校进行统筹规划。调整托儿所设置要求，作为宜设置设施。

具体的规模指标要求方面，根据教育部相关研究预测，两孩政策后人口出生率将从目前的 12‰提高到 16‰，《标准》将 16‰作为设施配置指标基数，各城市可以进一步三孩政策的变化、根据各地的出生率对相关指标进行适当调整。

按照国家教委关于标准校建设等发展要求，《标准》在千人指标测算中调整了教育设施的单项设施规模，适度提高了单所学校生均规模，初中千人指标建筑面积 430～470m²/ 千人、用地面积 720～1120m²/ 千人；小学千人指标建筑面积 690～800m²/ 千人、用地面积 1800～2240m²/ 千人；幼儿园生均建筑面积 10.80～13.10m²；生均用地 18.00～21.80m²。

同时，《标准》细化了教育设施的设置要求，增加了设施选址、服务半径和场地配置等要求。

教育设施规划建设控制要求 表 2-32

服务范围	设施名称	单项规模		服务内容	设置要求
		建筑面积（m²）	用地面积（m²）		
十五分钟生活圈	初中*	—	—	满足 12～18 周岁青少年入学要求	(1) 选址应避开城市干道交叉口等交通繁忙路段； (2) 服务半径不宜大于 1000m； (3) 学校规模应根据适龄青少年人口确定，且不宜超过 36 班； (4) 鼓励教学区和运动场地相对独立设置，并向社会错时开放运动场地
十分钟生活圈	小学*	—	—	满足 6～12 周岁儿童入学要求	(1) 选址应避开城市干道交叉口等交通繁忙路段； (2) 服务半径不宜大于 500m，学生上下学穿越城市道路时，应有相应的安全措施； (3) 学校规模应根据适龄儿童人口确定，且不宜超过 36 班； (4) 应设不低于 200m 环形跑道和 60m 直跑道的运动场，并配置符合标准的球类场地； (5) 鼓励教学区和运动场地相对独立设置，并向社会错时开放运动场地
五分钟生活圈	幼儿园*	3150～4550	5240～7580	保教 3～6 周岁的学龄前儿童	(1) 应设于阳光充足、接近公共绿地、便于家长接送的地段；其生活用房应满足冬至日底层满窗日照不少于 3h 的日照标准，宜设置于可遮挡冬季寒风的建筑物背风面； (2) 服务半径不宜大于 300m； (3) 幼儿园规模应根据适龄儿童人口确定，办园规模不宜超过 12 班，每班座位数宜为 20～35 座，建筑层数不宜超过 3 层； (4) 活动场地应有不少于 1/2 的活动面积在标准的建筑日照阴影线之外
五分钟生活圈	托儿所	—	—	服务 0～3 岁的婴幼儿	(1) 应设于阳光充足、便于家长接送的地段；其生活用房应满足冬至日底层满窗日照不少于 3h 的日照标准，宜设置于可遮挡冬季寒风的建筑物背风面； (2) 服务半径不宜大于 300m； (3) 托儿所规模宜根据适龄儿童人口确定； (4) 活动场地应有不少于 1/2 的活动面积在标准的建筑日照阴影线之外

注：加 * 的配套设施，其建筑面积与用地面积规模应满足国家相关规划标准有关规定。

体育设施

体育设施方面，《标准》增加了多功能体育活动场地的配置密度，同时，对场地内运动项目组合给出指导性原则，具体建设可结合居民需求进行调整。大型多功能运动场地与体育场馆或全民健身中心可以相互替代，但是最小面积应满足大型多功能运动场地的要求。在居住街坊内增设了儿童和老人活动场地的配置要求，并将国家体育总局推进的室外健身器械写入设施内容，在建设中应做好统筹布局。

体育设施规划建设控制要求　　表 2-33

服务范围	设施名称	单项规模		服务内容	设置要求
		建筑面积（m^2）	用地面积（m^2）		
十五分钟生活圈	体育场（馆）或全民健身中心	2000 ~ 5000	1200 ~ 15000	具备多种健身设施、专用于开展体育健身活动的综合体育场（馆）或健身馆	(1) 服务半径不宜大于 1000m; (2) 体育场应设置 60 ~ 100m 直跑道和环形跑道； (3) 全民健身中心应具备大空间球类活动、体能训练和体制检测等用房
	大型多功能运动场地	—	3150 ~ 5620	多功能运动场地或同等规模的球类场地	(1) 宜结合公共绿地等公共活动空间统筹布局； (2) 服务半径不宜大于 1000m; (3) 宜集中设置篮球、排球、7 人足球场地
十分钟生活圈	中型多功能运动场地	—	1310 ~ 2460	多功能运动场地或同等规模的球类场地	(1) 宜结合公共绿地等公共活动空间统筹布局； (2) 服务半径不宜大于 500m; (3) 宜集中设置篮球、排球、5 人足球场地
五分钟生活圈	小型多功能运动（球类）场地	—	770 ~ 1310	小型多功能运动场地或同等规模的球类场地	(1) 服务半径不宜大于 300m; (2) 用地面积不宜小于 800m^2; (3) 宜配置半场篮球场 1 个、门球场地 1 个、乒乓球场地 2 个; (4) 门球活动场地应提供休憩服务和安全防护措施
	室外综合健身场地（含老年户外活动场地）	—	150 ~ 750	健身场所，含广场舞场地	(1) 服务半径不宜大于 300m; (2) 用地面积不宜小于 150m^2; (3) 老年人户外活动场地应设置休憩设施，附近宜设置公共厕所; (4) 广场舞等活动场地的设置应避免噪声扰民
居住街坊	儿童、老年人活动场地	—	170 ~ 450	儿童活动及老年人休憩设施	(1) 宜结合集中绿地设置，并宜设置休憩设施； (2) 用地面积不应小于 170m^2
	室外健身器械	—	—	器械健身和其他简单运动设施	(1) 宜结合绿地设置； (2) 宜在居住街坊范围内设置

医疗卫生设施

医疗卫生设施方面，《标准》落实了《全国医疗卫生服务体系规划纲要（2015—2020 年）》《城市社区卫生服务机构管理办法（试行）》等相关文件的要求，并与相关建设标准进行了对接。

医疗卫生设施规划建设控制要求　　表 2-34

服务范围	设施名称	单项规模		服务内容	设置要求
		建筑面积（m^2）	用地面积（m^2）		
十五分钟生活圈	卫生服务中心*（社区医院）	1700 ~ 2000	1420 ~ 2860	预防、医疗、保健、康复、健康教育、计生等	(1) 一般结合街道办事处所辖区域进行设置，且不宜与菜市场、学校、幼儿园、公共娱乐场所、消防站、垃圾转运站等设施毗邻； (2) 服务半径不宜大于 1000m； (3) 建筑面积不得低于 1700m^2
	门诊部	—	—	—	(1) 宜设置于辖区内位置适中、交通方便的地段； (2) 服务半径不宜大于 1000m
五分钟生活圈	社区卫生服务站*	120 ~ 270	—	预防、医疗、计生等服务	(1) 在人口较多、服务半径较大、社区卫生服务中心难以覆盖的社区，宜设置社区卫生站加以补充； (2) 服务半径不宜大于 300m； (3) 建筑面积不得低于 120m^2； (4) 社区卫生服务站应安排在建筑首层并应有专用出入口

注：加 * 的配套设施，其建筑面积与用地面积规模应满足国家相关规划标准有关规定。

福利设施

福利设施方面，《标准》提出了十五分钟生活圈居住区布局养老院、老年养护院，五分钟生活圈居住区布局老年人日间照料中心。同时，落实《“十三五”国家老龄事业发展和养老体系建设规划》的要求，将机构养老设施分为综合性养老院和老年养护院（专门收住失能、失智老年人的养老院）两类。《标准》还将社区养老设施中的养老服务中心、养老活动中心分别与社区服务中心、社区活动中心合并设置。

《标准》将养老设施床位总量确定在 40 床 / 千名老人，各城市可结合老龄化水平、趋势和养老需求的差异，适度调整千名老人床位数。《标准》对床均建筑面积进行了校正，提出按照 $35m^2$/ 床进行测算。

福利设施规划建设控制要求　　表 2-35

服务范围	设施名称	单项规模		服务内容	设置要求
		建筑面积（m^2）	用地面积（m^2）		
十五分钟生活圈	养老院 *	7000 ~ 17500	3500 ~ 22000	对自理、介助和介护老年人给予生活起居、餐饮服务、医疗保健、文化娱乐等综合服务	(1) 宜临近社区卫生服务中心、幼儿园、小学以及公共服务中心； (2) 一般规模宜为 200 ~ 500 床
	老年养护院 *	3500 ~ 17500	1750 ~ 22000	对介助和介护老年人给予生活护理、餐饮服务、医疗保健、康复娱乐、心理疏导、临终关怀等服务	(1) 宜临近社区卫生服务中心、幼儿园、小学以及公共服务中心； (2) 一般中型规模为 100 ~ 500 床
五分钟生活圈	老年人日间照料中心 *（托老所）	350 ~ 750	—	老年人日托服务，包括餐饮、文娱、健身、医疗保健等	服务半径不宜大于 300m

注：加 * 的配套设施，其建筑面积与用地面积规模应满足国家相关规划标准有关规定。

商业服务设施

商业服务设施方面,《标准》简化了设施名录，结合居民新的服务需求增补了部分设施，例如五分钟生活圈居住区内增加再生资源回收点、服务老年人或双职工家庭的社区食堂等设施；在居住街坊增加邮件快递送达设施等。

商业服务设施规划建设控制要求 表 2-36

服务范围	设施名称	单项规模		服务内容	设置要求
		建筑面积（m^2）	用地面积（m^2）		
十五分钟生活圈、十分钟生活圈	商场	1500 ~ 3000	—	—	(1) 应集中布局在居住区相对居中的位置；(2) 服务半径不宜大于 500m
	菜市场或生鲜超市	750 ~ 1500 或 2000 ~ 2500	—	—	(1) 服务半径不宜大于 500m；(2) 应设置机动车、非机动车停车场
	健身房	600 ~ 2000	—	—	服务半径不宜大于 1000m
	银行营业网点	—	—	—	宜与商业服务设施结合或邻近设置
	电信营业场所	—	—	—	根据专业规划设置
	邮政营业场所	—	—	包括邮政局、邮政支局等邮政设施以及其他快递营业设施	(1) 宜与商业服务设施结合或邻近设置；(2) 服务半径不宜大于 1000m
五分钟生活圈	社区食堂	—	—	为社区居民尤其是老年人提供助餐服务	宜结合社区服务站、文化活动站等设置
	小超市	—	—	居民日常生活用品销售	服务半径不宜大于 300m
	再生资源回收点 *	—	6 ~ 10	居民可再生物资回收	(1) 1000 ~ 3000 人设置 1 处；(2) 用地面积不宜小于 $6m^2$，其选址应满足卫生、防疫及居住环境等要求
居住街坊	便利店	50 ~ 100	—	居民日常生活用品销售	1000 ~ 3000 人设置 1 处
	邮件和快件送达设施	—	—	智能快件箱、智能信包箱等可接收邮件和快件的设施或场所	应结合物业管理设施或在居住街坊内设置

注：加 * 的配套设施，其建筑面积与用地面积规模应满足国家相关规划标准有关规定。

管理与社区服务设施

在与基层管理机构的对接方面，十五分钟生活圈居住区可对接街道办事处，五分钟生活圈居住区可对接社区居委会，居住街坊可对接物业管理或业委会。

结合社区发展的新趋势，在十五分钟生活圈增加“司法所”设施，其功能是面向广大人民群众开展各项基层司法行政业务，包括法律事务援助、人民调解、服务保释、监外执行人员的社区矫正等服务工作。

管理与社区服务设施规划建设控制要求　　表 2-37

服务范围	设施名称	单项规模		服务内容	设置要求
		建筑面积（m^2）	用地面积（m^2）		
十五分钟生活圈	社区服务中心（街道级）	700 ~ 1500	600 ~ 1200	—	(1) 一般结合街道办事处所辖区域设置； (2) 服务半径不宜大于 1000m； (3) 建筑面积不应低于 700m^2
	街道办事处	1000 ~ 2000	800 ~ 1500	—	(1) 一般结合所辖区域设置； (2) 服务半径不宜大于 1000m
	司法所	80 ~ 240	—	法律事务援助、人民调解、服务保释、监外执行人员的社区矫正等	(1) 一般结合街道所辖区域设置； (2) 宜与街道办事处或其他行政管理单位结合建设，应设置单独出入口
	派出所	1000 ~ 1600	1000 ~ 2000	—	(1) 宜设置于辖区内位置适中、交通方便的地段； (2) 2.5 万 ~ 5 万人宜设置一处； (3) 服务半径不宜大于 800m
五分钟生活圈	社区服务站	600 ~ 1000	500 ~ 800	社区服务站含社区服务大厅、警务室、社区居委会办公室、居民活动用房、活动室、阅览室、残疾人康复室	(1) 服务半径不宜大于 300m； (2) 建筑面积不得低于 600m^2
居住街坊	物业管理与服务	—	—	物业管理服务	宜按照不低于物业总建筑面积的 2‰配置物业管理用房

交通场站设施

在基层配套设施方面，《标准》提出综合考虑轨道交通站点、公交首末站、公交车站等交通设施，各类设施要围绕住区步行交通组织进行整体统筹；同时，提出了共享单车、新能源汽车的布局和设施预留要求。

交通场站设施规划建设控制要求 表 2-38

服务范围	设施名称	单项规模		服务内容	设置要求
		建筑面积（m²）	用地面积（m²）		
十五分钟生活圈、十分钟生活圈	轨道交通站点 *	—	—	—	服务半径不宜大于 800m
	公交首末站 *	—	—	—	根据专业规划设置
	公交车站	—	—	—	服务半径不宜大于 500m
	非机动车停车场（库）	—	—	—	(1) 宜就近设置在非机动车（含共享单车）与公共交通换乘接驳地区； (2) 宜设置在轨道交通站点周边非机动车车程 15min 范围内的居住街坊出入口处，停车面积不应小于 30m^2
	机动车停车场（库）	—	—	—	根据所在地城市规划有关规定配置
五分钟生活圈	非机动车停车场（库）	—	—	—	宜就近设置在自行车（含共享单车）与公交车站换乘地区附近
	机动车停车场（库）	—	—	—	根据所在地城市规划有关规定配置
居住街坊	居民非机动车停车场（库）	—	—	—	宜设置于居住街坊出入口附近，并按照每套住宅配建 1 ~ 2 辆配置；停车场面积按照 0.8 ~ 1.2m^2/ 辆配置，停车库面积按照 1.5 ~ 1.8m^2/ 辆配置；电动自行车较多的城市，新建居住街坊宜集中设置电动自行车停车场，并宜配置充电控制设施
	居民机动车停车场（库）	—	—	—	根据所在地城市规划有关规定配置，服务半径不宜大于 150m

注：加 * 的配套设施，其建筑面积与用地面积规模应满足国家相关规划标准有关规定。

市政公用设施

市政公用设施方面，《标准》列出了为居住区服务的主要设施内容，具体规划建设应遵守各类设施的专项规划标准、建设标准和相关技术标准要求。

1. 消防站，符合《城市消防规划规范》GB 51080-2015。

2. 垃圾转运站、垃圾收集站、收集点、公共厕所，符合《城市环境卫生设施规划标准》GB 50337-2018。

3. 通信机房、有线电视基站，符合《城市通信工程规划规范》GB/T 50853-2013。

4. 开闭所，符合《城市电力规划规范》GB/T 50293-2014。

5. 燃料供应站、供热站或热交换站，符合《城市供热规划规范》GB/T 51074-2015。

6. 燃气调压站、燃气服务网点和应急抢修站，符合《城镇燃气规划规范》GB/T 51098-2015。

市政公用设施规划建设控制要求　　表 2-39

服务范围	设施名称	单项规模		服务内容	设置要求
		建筑面积（m^2）	用地面积（m^2）		
十五分钟生活圈	开闭所 *	200 ~ 300	500	—	（1）0.6 万 ~ 1.0 万套住宅设置 1 所； （2）用地面积不应小于 $500m^2$
	燃料供应站 *	—	—	—	根据专业规划设置
	燃气调压站 *	50	100 ~ 200	—	按每个中低压调压站负荷半径 500m 设置；无管道燃气地区不设置
	供热站或热交换站 *	—	—	—	根据专业规划设置
	通信机房 *	—	—	—	根据专业规划设置
	有线电视基站 *	—	—	—	根据专业规划设置
	垃圾转运站 *	—	—	—	根据专业规划设置
	消防站 *	—	—	—	根据专业规划设置
	市政燃气服务网点和应急抢修站 *	—	—	—	根据专业规划设置
五分钟生活圈	生活垃圾收集站 *	—	120 ~ 200	居民生活垃圾收集	（1）居住人口规模大于 5000 人的居住区及规模较大的商业综合体可单独设置收集站； （2）采用人力收集的，服务半径宜为400m，最大不宜超过1km；采用小型机动车收集的，服务半径不宜超过2km
	公共厕所 *	30 ~ 80	60 ~ 120	—	（1）宜设置于人流集中处； （2）宜结合配套设施及室外综合健身场地（含老年户外活动场地）设置
居住街坊	生活垃圾收集点 *	—	—	居民生活垃圾投放	（1）服务半径不应大于 70m，生活垃圾收集点应采用分类收集，宜采用密闭方式； （2）生活垃圾收集点可采用放置垃圾容器或建造垃圾容器间方式； （3）采用混合收集垃圾容器间时，建筑面积不宜小于 $5m^2$； （4）采用分类收集垃圾容器间时，建筑面积不宜小于 $10m^2$

注：加 * 的配套设施，其建筑面积与用地面积规模应满足国家相关规划标准有关规定。

指标与配建要求

停车

停车位控制指标

停车场（库）属于静态交通设施，其设置的合理性对居住区建设具有重要的意义。当前，我国城市的机动化发展水平和居民机动车拥有量的地区差异较大，居住区停车场（库）的设置应因地制宜，评估当地机动化发展水平和居民机动车拥有量，结合其所处区位、用地条件和周边公共交通条件综合确定，满足居民停车需求，避免因居住区停车位不足导致车辆停放占用绿地或市政道路。

配套设施机动车数量较多时，应控制地面停车位数量，居住区人流较多的商场、街道综合服务中心机动车停车场（库）的设置宜采用地下停车、停车楼或机械式停车设施等方式，节约集约利用土地。停车场（库）的停车位控制指标，不宜低于表 2-40 的规定。

目前，《标准》中的控制指标未包括共享单车的停车指标，在居住区人流较多地区、居住街坊入口处宜提高配建标准，并预留共享单车停放区域。

疑问解答：《标准》“居住区应配建设置居民机动车和非机动车停车场，并符合规定”，原《规范》“居住区必须配建设置居民汽车停车场、停车库，并符合规定”，一个是“应”，一个是“必须”，这两者的变化是因为什么？

“必须”按照标准用语属于必须这样不可。《规范》中“居住区”是对应一定人口规模的住区，有一定空间尺度概念，强调这样的地区必须设施居民机动车停车场（库）；《标准》中“居住区”指住宅建筑相对集中布局的区域，空间范围可大可小。对于较小规模的居住街坊，可能出现因城市区域公交服务水平和交通需求管理政策需要，设置不同规模居民停车场（库）的情况，因此，该条文将“必须”调整为“应”。

疑问解答：地面停车位数量影响人车分流等住区交通组织方式吗？

地面停车率不会影响人车分流等住区交通组织方式。《标准》5.0.6 条规定限制了地面停车位数量的上限，并没有提出下限要求，人车分流的居住街坊地面可以不设停车位，但宜考虑临时停车位的设置。地上停车位的数量控制主要为了保证地上公共空间的合理使用，且不影响居住区交通组织方式。当临时停车位在居住街坊内部时，应计入地面停车位数量。如住宅楼（或独立的物业用房）一楼设置为停车库，其停车位数量不计入地面停车位数量。立体停车只计入地面层停车位数量来计算地面停车率。

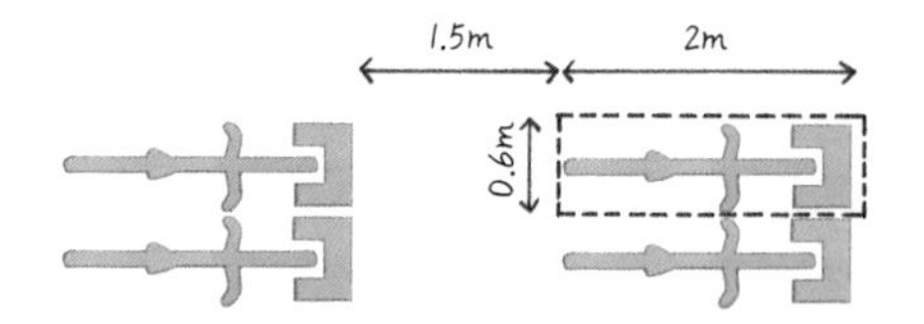

图 2-77　非机动车停车位一般尺寸示意

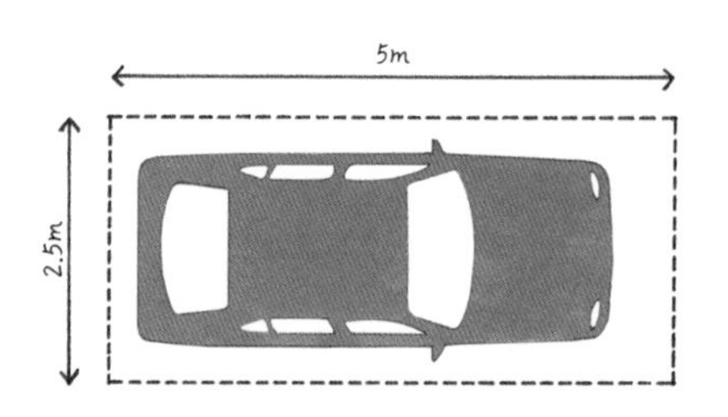

图 2-78　机动车停车位一般尺寸示意

停车位配建控制指标（车位 /100m² 建筑面积）　　表 2-40

名称	非机动车	机动车
商场	≥ 7.5	≥ 0.45
菜市场	≥ 7.5	≥ 0.30
街道综合服务中心	≥ 7.5	≥ 0.45
社区卫生服务中心（社区医院）	≥ 1.5	≥ 0.45

机动车停车方式

商场、街道综合服务中心机动车停车场（库）宜采用地下停车、停车楼或机械式停车设施等方式。地上停车位应优先考虑设置多层停车库或机械式停车设施，地面停车位不宜超过住宅总套数的 10%。

使用停车楼和机械式停车设施，可以有效节约机动车停车占地面积，充分利用空间。对地面停车率进行控制的目的是保护居住环境，在采用多层停车库或机械式停车设施时，地面停车位数量应以标准层或单层停车数量进行计算。

图 2-79　机械式停车设施

图 2-80　机械式停车设施

图 2-81　地下停车

图 2-82　地面停车

公共充电设施

配建的机动车停车场（库）应满足公共充电设施安装要求。

为落实国家关于电动汽车充电基础设施的相关要求，《标准》提出新建住宅配建停车位应预留充电基础设施安装条件，按需建设充电基础设施。

图 2-84　地面公共充电设施

无障碍停车位

机动车停车场（库）应设置无障碍机动车位，并为老年人、残疾人专用车等新型交通工具和辅助工具留有必要的发展余地。

无障碍停车位应靠近建筑物出入口，方便轮椅使用者到达目的地。随着交通技术的迅速发展，新型交通工具也不断出现，如残疾人专用车、老年人代步车等，停车场（库）的布置应为此留有发展余地。

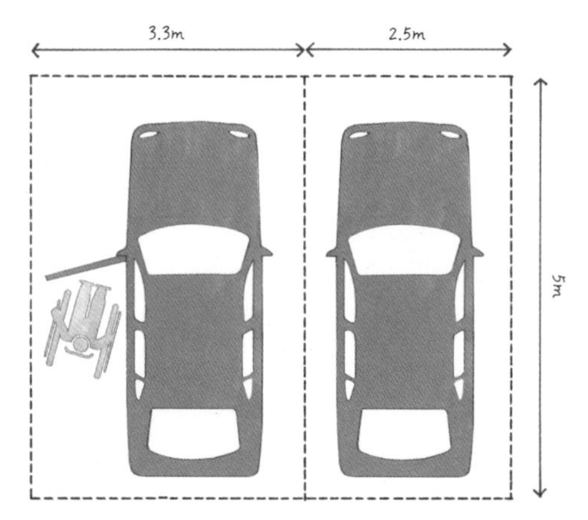

图 2-83　无障碍停车位一般尺寸示意

图 2-85　无障碍停车位

图 2-86　非机动车停车场（库）应设置在方便居民使用的位置

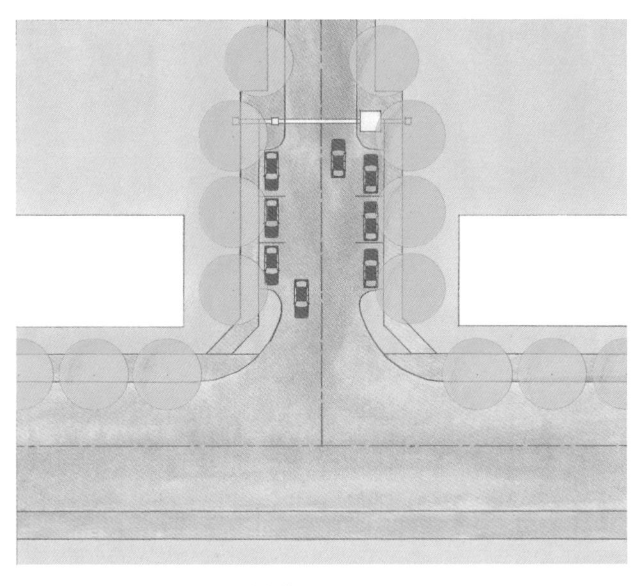

图 2-87　居住街坊出入口临时停车位

非机动车停车场（库）

非机动车停车场（库）应设置在方便居民使用的位置。

非机动车停车场（库）的布局应考虑使用方便这一因素，但由于实际使用中空间布局较为多样，同时存在与其他设施合建的可能，因此，《标准》不对其服务半径作出要求。

临时停车位

居住街坊应配置临时停车位。

临时停车位可以考虑结合车行和人行出入口设置，从而为访客、出租车和公共自行车等提供停放位置，维持居住区内部的安全及安宁。

条文解读

6
道路

Roads

Provision Interpretations

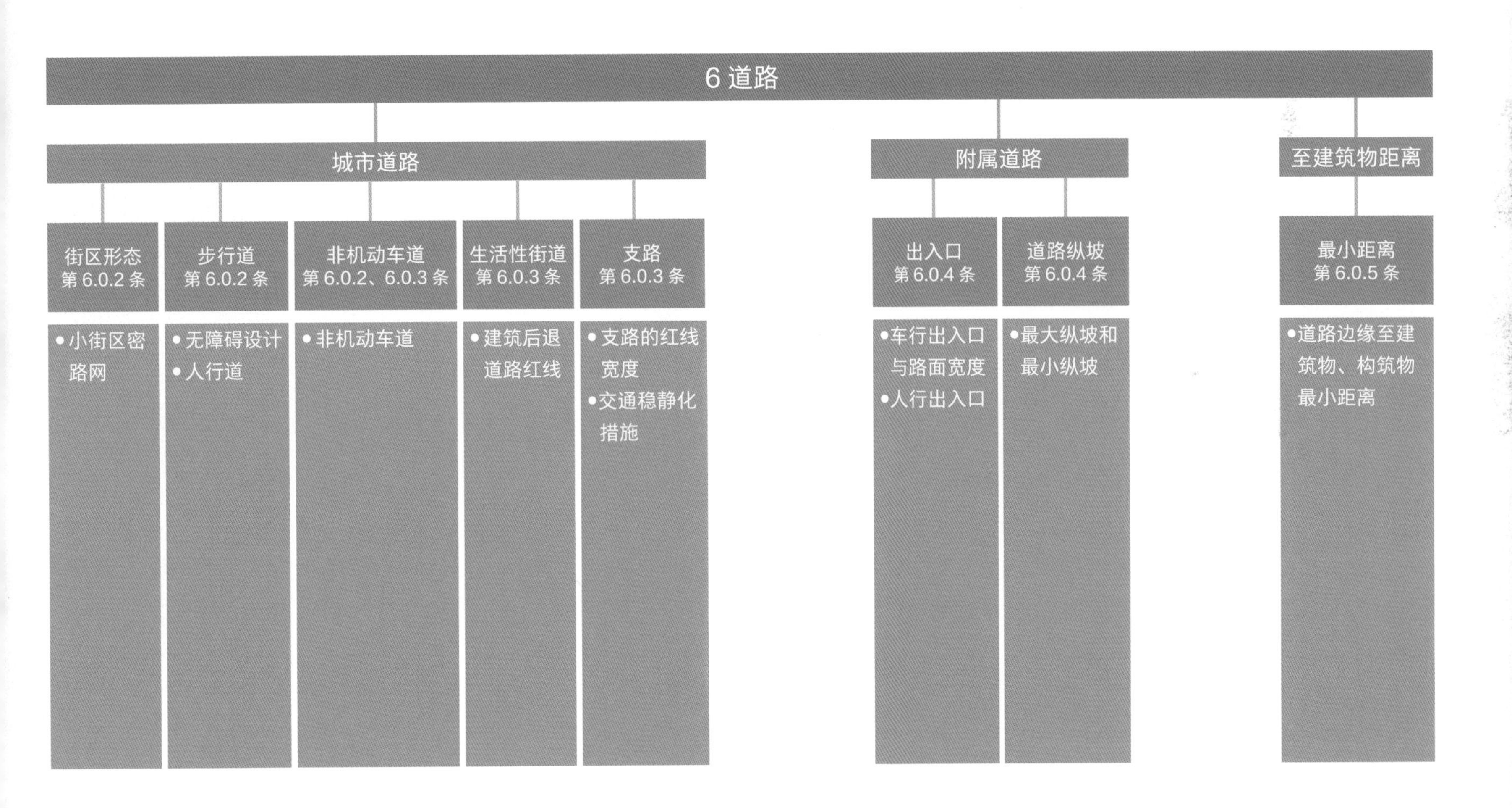
6 道路
城市道路
附属道路
至建筑物距离
街区形态
第 6.0.2 条
步行道
第 6.0.2 条
非机动车道
第 6.0.2、6.0.3 条
生活性街道
第 6.0.3 条
支路
第 6.0.3 条
出入口
第 6.0.4 条
道路纵坡
第 6.0.4 条
最小距离
第 6.0.5 条
•小街区密路网
•无障碍设计
•人行道
•非机动车道
•建筑后退道路红线
•支路的红线宽度
•交通稳静化措施
•车行出入口与路面宽度
•人行出入口
•最大纵坡和最小纵坡
•道路边缘至建筑物、构筑物最小距离

《标准》条文

道路

6.0.1 居住区内道路的规划设计应遵循安全便捷、尺度适宜、公交优先、步行友好的基本原则，并应符合现行国家标准《城市综合交通体系规划标准》GB/T 51328 的有关规定。

6.0.2 居住区的路网系统应与城市道路交通系统有机衔接，并应符合下列规定：

1 居住区应采取“小街区、密路网”的交通组织方式，路网密度不应小于 $8km/km^2$；城市道路间距不应超过 300m，宜为 150m～250m，并应与居住街坊的布局相结合。

2 居住区内的步行系统应连续、安全、符合无障碍要求，并应便捷连接公共交通站点；

3 在适宜自行车骑行的地区，应构建连续的非机动车道；

4 旧区改建，应保留和利用有历史文化价值的街道、延续原有的城市肌理。

6.0.3 居住区内各级城市道路应突出居住使用功能特征与要求，并应符合下列规定：

1 两侧集中布局了配套设施的道路，应形成尺度宜人的生活性街道；道路两侧建筑退线距离，应与街道尺度相协调；

2 支路的红线宽度，宜为 14m～20m；

3 道路断面形式应满足适宜步行及自行车骑行的要求，人行道宽度不应小于 2.5m；

4 支路应采取交通稳静化措施，适当控制机动车行驶速度。

6.0.4 居住街坊内附属道路的规划设计应满足消防、救护、搬家等车辆的通达要求，并应符合下列规定：

1 主要附属道路至少应有两个车行出入口连接城市道路，其路面宽度不应小于 4.0m；其他附属道路的路面宽度不宜小于 2.5m；

2 人行出入口间距不宜超过 200m；

3 最小纵坡不应小于 0.3%，最大纵坡应符合表 6.0.4 的规定；机动车与非机动车混行的道路，其纵坡宜按照或分段按照非机动车道要求进行设计。

附属道路最大纵坡控制指标（%）　　表 6.0.4

道路类别及其控制内容	一般地区	积雪或冰冻地区
机动车道	8.0	6.0
非机动车道	3.0	2.0
步行道	8.0	4.0

6.0.5 居住区道路边缘至建筑物、构筑物的最小距离，应符合表 6.0.5 规定。

居住区道路边缘至建筑物、构筑物最小距离（m）　　表 6.0.5

与建、构筑物关系		城市道路	附属道路
建筑物面向道路	无出入口	3.0	2.0
	有出入口	5.0	2.5
建筑物山墙面向道路		2.0	1.5
围墙面向道路		1.5	1.5

注：道路边缘对于城市道路是指道路红线；附属道路分两种情况：道路断面设有人行道时，指人行道的外边线；道路断面未设人行道时，指路面边线。

概述

《标准》强化居住区道路与城市道路交通体系的衔接，采用“小街区、密路网”的交通组织模式，促进公交优先、步行友好、出行便捷。首次提出以“居住街坊”作为基本居住单元，形成绿色宜人、尺度适宜、环境友好、便于物业管理的生活空间，同时可促进城市支路网的完善，并有利于提升街区活力，缓解交通压力，应对突发事件。

调研发现，居住区规模过大、路网密度不足、道路过宽等造成了居民生活、出行等诸多不便。因此，《标准》明确提出控制居住街坊尺度，提升城市路网密度，提出居住地区城市支路间距宜为150～250m、不超过300m，从而形成2～4hm^{2}的居住街坊（这也是开发建设项目最多见的规模、物业管理较适宜的服务单元），实现“小街区、密路网”，使居民能够以适宜的步行距离到达周边的服务设施或公交站点。

《规范》将居住区道路划分为“居住区道路、小区路、组团路和宅间小路”四级。而在实施过程中，这种分级方式难以与城市路网衔接，导致一些应当作为城市支路甚至次干路的道路，被封闭在居住区中，严重影响了城市道路交通组织。因此，《标准》重点厘清了居住区道路与城市道路之间的关系，强调“居住区的路网系统应与城市道路交通有机衔接”，将原有道路分级调整为“居住区内城市道路”和“居住街坊内附属道路”两类，并对居住区中的城市支路提出红线宽度宜为14～20m的控制要求，引导形成尺度宜人、慢行优先的生活性街道。

居住区道路是城市道路交通系统的组成部分，也是承载城市生活的主要公共空间。居住区道路的规划建设应体现以人为本，提倡绿色出行，综合考虑城市交通系统特征和交通设施发展水平，满足城市交通通行的需要。融入城市交通网络，采取尺度适宜的道路断面形式，优先保障步行和非机动车的出行安全、便利和舒适，形成宜人宜居、步行友好的城市街道。

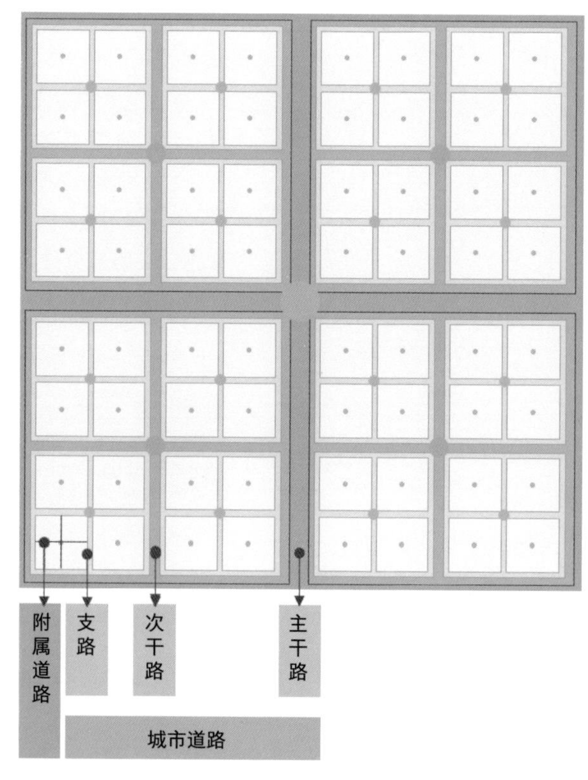

图2-88　道路类型划分示意

安全便捷

图2-89　交通有序、过街安全、骑行顺畅

公交优先

图2-90　良好的公交使用条件

步行友好

图2-91　为行人提供宽敞、畅通的步行通行空间

城市道路

街区形态

小街区密路网

居住区路网系统的规划建设需要考虑多方面的因素，包括居住区的居住人口规模、规划布局形式、用地周围的交通条件、居民出行的方式与行为轨迹、居住区内建筑及设施的布置要求和本地区的地理气候条件等。

居住街坊一般由城市道路围合。在确定居住街坊尺度时，居住区内的城市路网密度不应小于 $8km/km^2$，城市道路间距不宜超过 300m，并符合《城市综合交通体系规划标准》GB/T 51328-2018 中的相关规定。

在此基础上，《标准》推荐采用更小的道路间距。居住街区的尺度应在以人为本的原则指导下，优化街区路网结构，提升路网密度，形成宜人的城市生活街区，采用“小街区、密路网”的道路布局。道路间距宜控制在 150～250m，形成 $2\sim4hm^2$ 的居住街坊。

疑问解答：《标准》是如何体现“小街区、密路网”理念的？

《标准》通过居住街坊的尺度界定以及城市道路间距的规定保障了“小街区、密路网”居住区的实现。《标准》规定居住街坊是由支路等城市道路或用地边界线围合的住宅用地，用地面积 $2\sim4hm^2$，用地规模限制了街坊的尺度，使之不致过大。同时，《标准》对居住区道路规定应采取“小街区、密路网”的交通组织方式，路网密度不应小于 $8km/km^2$；城市道路间距不应超过 300m，宜为 150～250m，并应与居住街坊的布局相结合。

方形居住街坊

宜为 150m × 150m ~ 200m × 200m

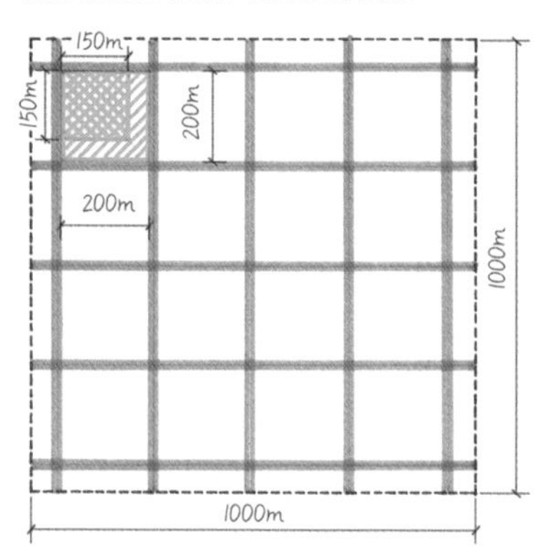

矩形居住街坊

宜为 150m × 150m ~ 150m × 250m

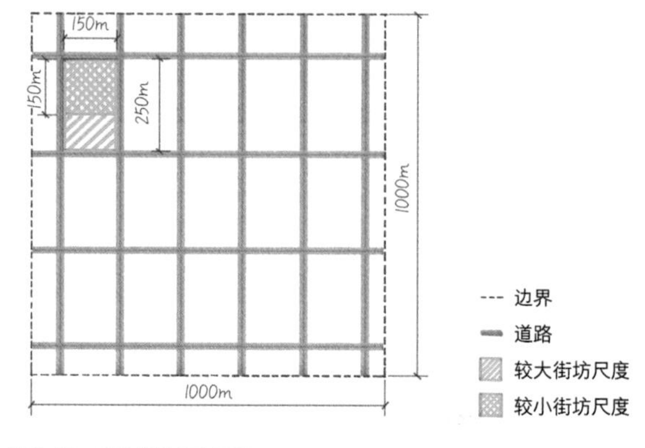

图 2-92　居住街坊尺度示意

城市道路

步行道

无障碍设计

步行出行是城市居民日常生活的基本需求。居住区内的步行系统应连续、安全，采用无障碍设计，符合《无障碍设计规范》GB 50763-2012 中的相关规定，并连通城市街道、室外活动场所、停车场所、各类建筑出入口和公共交通站点。路面铺装应充分考虑轮椅顺畅通行，选择坚实、牢固、防滑、防摔的材质。

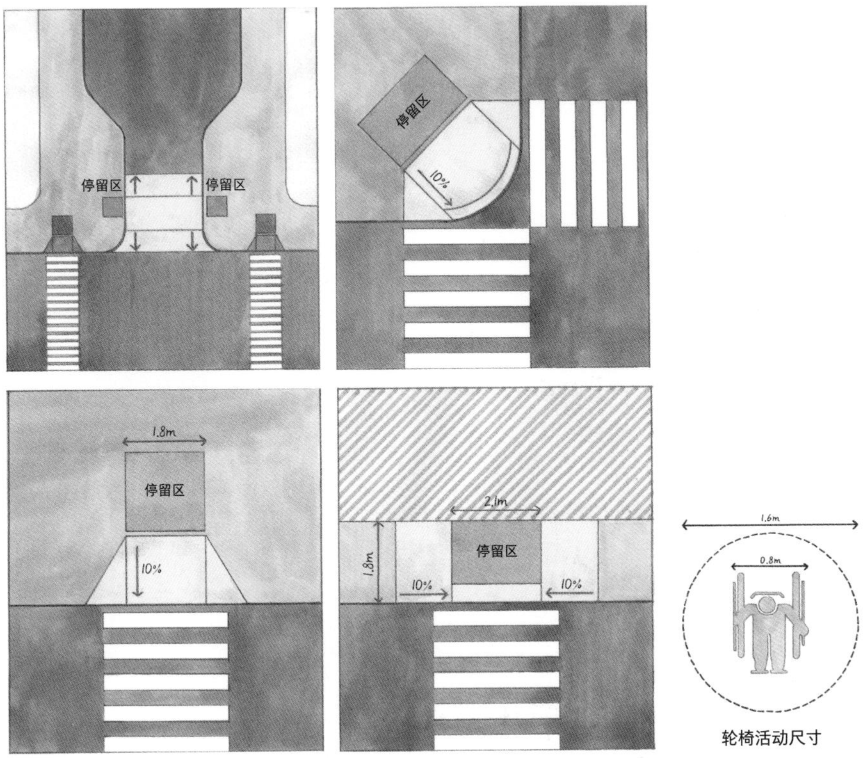

停留区
停留区
停留区
10%
1.8m
停留区
10%
2.1m
停留区
1.8m
10%
10%
1.6m
0.8m
轮椅活动尺寸

图 2-93　步行系统和人行道的无障碍衔接示意

0.7m
1.0m
0.8m
1.2m
1.2-1.4m

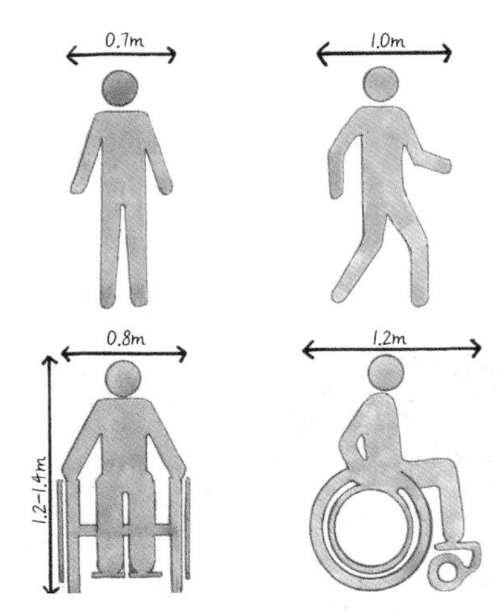

图 2-94　行人出行与轮椅出行一般尺寸示意

人行道

居住区人行道宽度不应小于 2.5m，其中，供人通行的净宽度不小于 2.0m。在空间有限的情况下，应首先保障行人通行，避免在居住区建设中出现绿化带、设施带挤占通行空间的情况。对于有条件的地区，可以设置一定宽度的绿化带种植行道树和草坪花卉。

行道树和绿化带设置挤占步行空间时，应优先保证人行道通畅，取消绿化带

人行道宽度 3.5m
上海苏家屯路

图 2-95　人行道设置示意

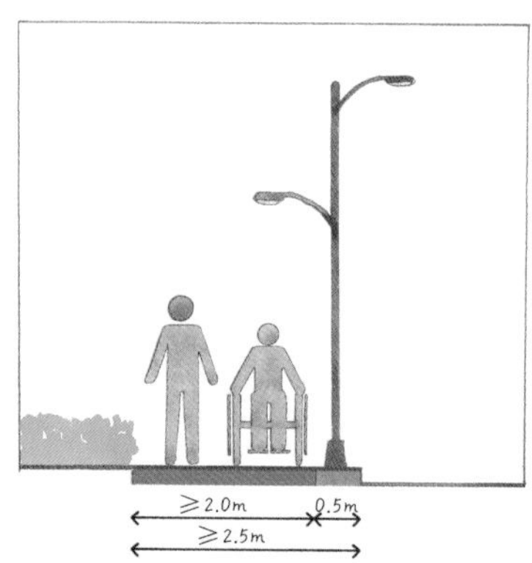

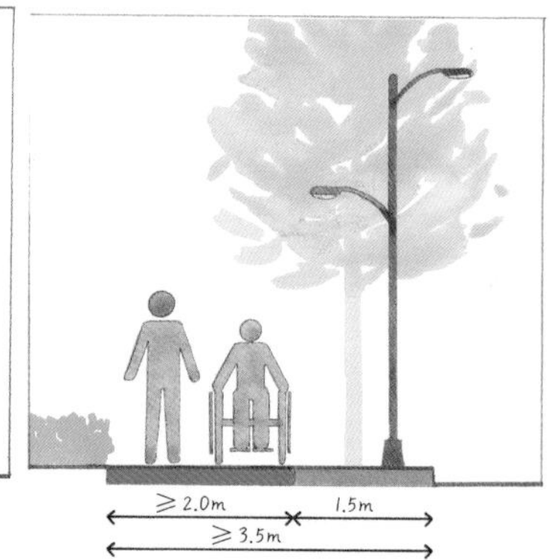

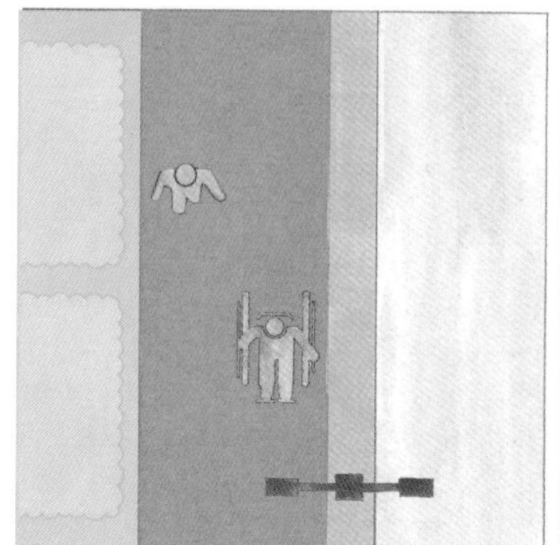

人行道宽度 2.5m，其中供人通行的净宽度不小于 2.0m

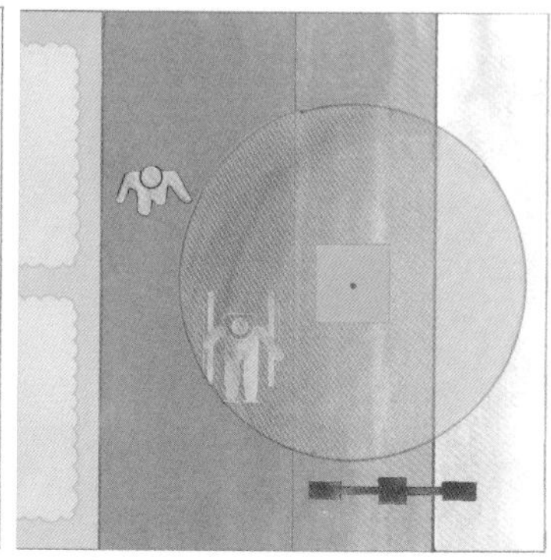

人行道宽度 3.5m，可设置行道树，同时供人通行的净宽度不小于 2.0m

图 2-96　人行道断面设计示意

城市道路

非机动车道

非机动车道不仅是城市交通系统的一部分，以骑行为主的慢行系统也承载了健康的城市生活方式。因此，除了山地、严寒等地区外，应鼓励发展非机动车交通。

在居住区中及周边，除城市快速路主路、步行专用路等不具备设置非机动车道条件外，城市快速路辅路及其他各级城市道路均应设置连续的非机动车道，形成安全、连续的自行车网络。

在条件有限的情况下，城市道路资源配置应优先保障步行、非机动车交通和公共交通的交通组织要求。

道路断面设计要考虑非机动车和人行道的便捷通畅，在适宜自行车骑行的城市，居住区内各级城市道路非机动车道宽度不应小于 2.5m，由于现在城市中快递车较多，加上电动自行车也有一些城市的摩托车会行驶在非机动车道上，因而非机动车道的宽度宜大于 3.5m。

非机动车道与机动车交通之间，宜采取物理隔离，如采用绿化带或硬质隔离（栏杆）的方式；在条件有限的情况下，可通过划线的方式明确与机动车道的分隔。

当采用混行车道时，宜对机动车交通采取稳静化措施。

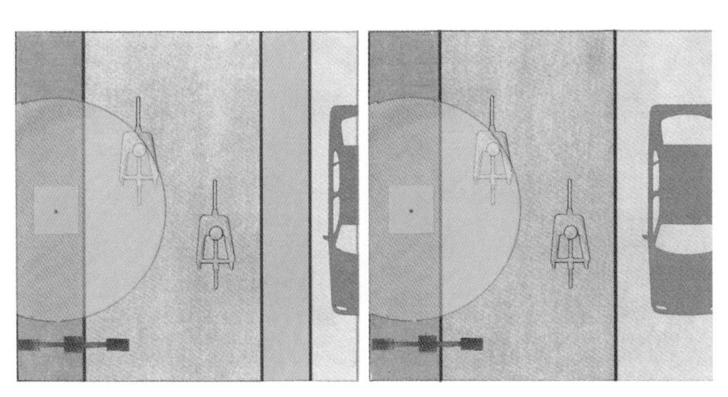

图 2-97　非机动车道示意

城市道路

生活性街道

建筑后退道路红线

居住区的街道空间不仅包括红线内的范围，也包括建筑后退道路红线的空间。目前，我国很多居住区道路，尤其是新区的居住区道路，存在退线过大的问题，不仅造成土地利用效率低，也无法形成宜人的街道空间。

对于两侧集中布局了生活服务设施的道路，两侧建筑退线距离应与街道尺度相协调，形成尺度宜人的生活性街道。一般而言，不建议在居住区内设置宽度超过 10m、人无法进入的沿街绿地，应将这些绿地集中设置，形成可以开展体育活动或设置休憩交往空间的居住区公园。

不鼓励采用过大的退线空间，会导致街道空间松散，尺度不宜人，缺少活力

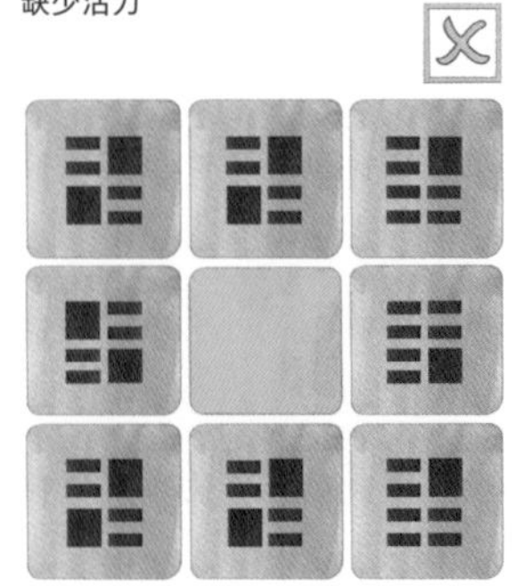

鼓励采用 3～5m 的退线空间，形成宜人的充满活力的街道界面

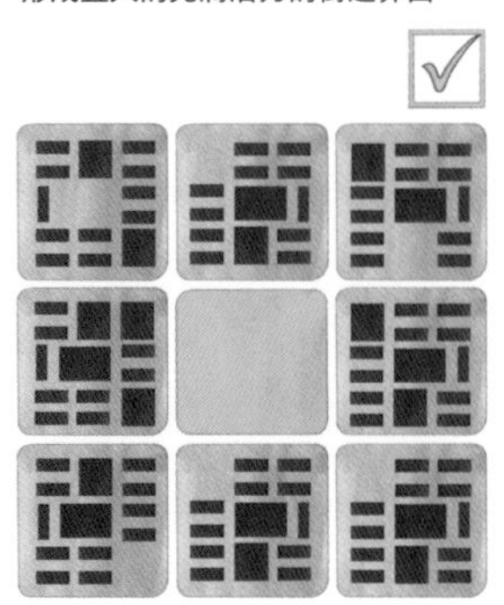

图 2-99　建筑退线距离应与道路尺度相协调

图 2-98　上海大学路案例

建筑退线距离不宜小于 3m，同时不应过大。上海大学路两侧人行道与退线空间均为 4m，空间被划分为 2m 的设施带、3m 的步行通行区以及 3m 的建筑前区，建筑前区主要为沿街餐饮的外摆区域，设施带用于种植行道树、设置自行车停车架等。

城市道路

支路

支路的红线宽度

图 2-100　历史街区中的城市支路

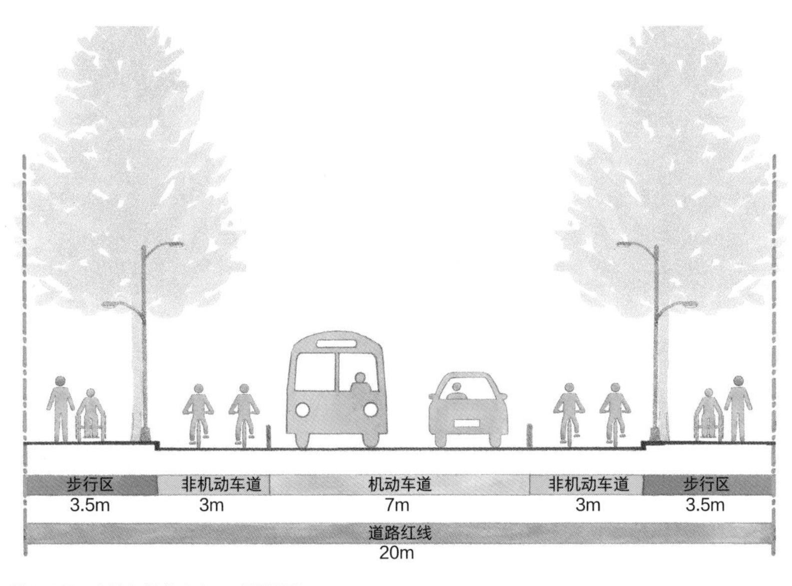

图 2-101　支路红线宽度 20m 断面示意

断面示意是以支路为例，引导居住区内的各级城市道路满足适宜步行及自行车骑行的要求。

支路是居住区主要的道路类型，《城市综合交通体系规划标准》GB/T 51328-2018 中，城市支路包括Ⅰ级和 Ⅱ级两类，居住区内的支路多指该标准中的Ⅰ级支路，红线宽度宜为 14～20m。

同时，居住区也会涉及历史街区内的道路和慢行专用路等Ⅱ级支路，在此情况下，支路的红线宽度可酌情降低并符合相关规定。

交通稳静化措施

城市支路应采取交通稳静化措施降低机动车车速，减少机动车流量，以改善道路周边居民的生活环境，同时保障行人和非机动车交通使用者的安全。

交通稳静化措施包括减速丘、路段瓶颈化、小交叉口转弯半径、路面铺装、视觉障碍等道路设计和管理措施。在行人与机动车混行的路段，机动车车速不应超过10km/h；机动车与非机动车混行路段，车速不应超过25km/h。

图 2-102　通过停车布局降低车速

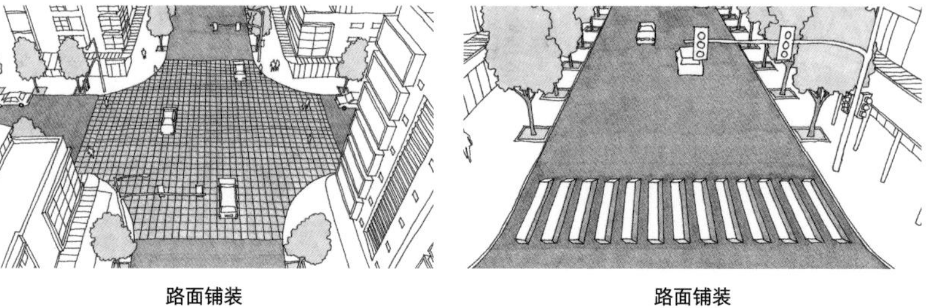

图 2-103　交通稳静化设计示意

附属道路

出入口

车行出入口与路面宽度

居住街坊内的附属道路应根据其路面宽度和通行车辆类型的不同，分为主要附属道路和其他附属道路。

主要附属道路，至少应设置两个出入口，从而使其道路不会呈尽端式格局，保证附属道路与城市道路有良好的交通联系，同时满足消防、救灾、救护、疏散等车辆通达的需要。两个出入口可以是两个方向，也可以在同一个方向与外部连接。主要附属道路一般按一条自行车道和一条人行道双向设计，路面宽度不应小于 4m，同时也能满足《建筑设计防火规范》GB 50016-2014 对消防车道的净宽度要求。

其他附属道路为进出住宅的最末一级道路，平时主要供居民出入，基本是自行车及人行交通为主，并要满足垃圾清运、救护和搬运家具等需要，按照居住区内部有关车辆低速缓行的通行宽度要求，其路面宽度一般 2.5～3.0m。为兼顾必要时大货车、消防车的通行，其他附属道路的路面两边应各留出宽度不小于 1m 的路肩。

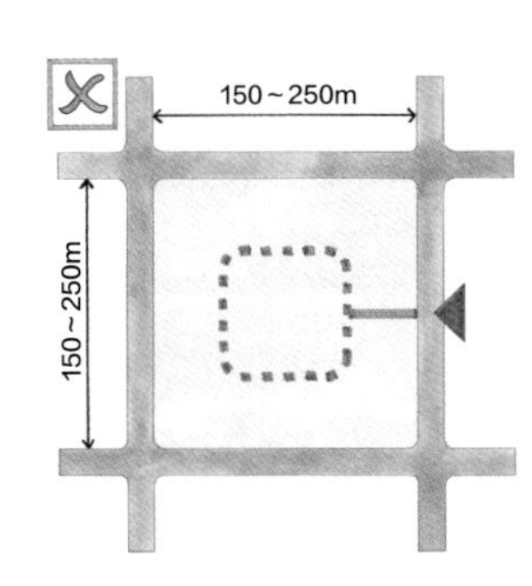

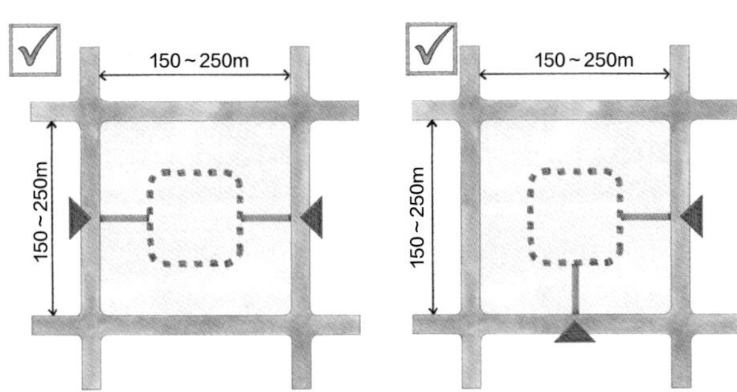

图 2-104　居住街坊主要附属道路及车行出入口示意

人行出入口

街区制能够提高城市活力，提升城市空间的公平和效率。对“开放式街区”的提倡并不是要求拆掉所有的居住区围墙，而是提升居民出行的便捷程度。

人行出入口间距不宜超过 200m。该规定是为了提升住宅小区的开放性和便捷度，强调住区与城市的联系，保证人行出入的便捷，以及紧急情况发生时人员的疏散要求。如果居住街坊实施独立管理，也应按规定设置出入口，以满足应急时的使用要求。

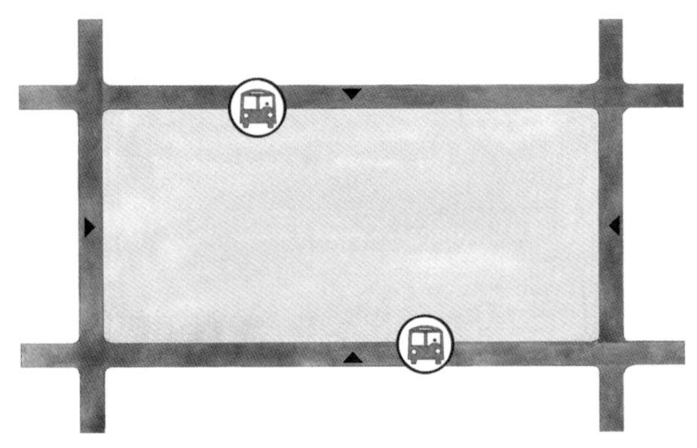

图 2-105　人行出入口示意

注：人行出入口的设置应考虑与公共交通站点的便捷连接。

疑问解答：道路取消了《规范》居住街坊机动车出入口的不小于 150m 的要求，是否不再控制机动车出入口间距？

《标准》对居住区道路规定应采取“小街区、密路网”的交通组织方式，路网密度不应小于 $8km/km^2$；城市道路间距不应超过 300m，宜为 150～250m，并应与城市道路网系统及居住街坊的布局相结合。

附属道路

道路纵坡

最大纵坡和最小纵坡

对居住区道路最大纵坡的控制是为了保证车辆的安全行驶，以及步行和非机动车出行的安全和便利。在表 2-41 中，机动车的最大纵坡值 8% 是附属道路允许的最大数值，如地形允许，应尽量采用更平缓的纵坡。山区由于地形等实际情况的限制，确实无法满足表 2-41 中的纵坡要求时，经技术经济论证可适当增加最大纵坡，在保证道路通达的前提下，尽可能保证道路坡度的适宜性，保障安全。

非机动车道的最大纵坡根据非机动车交通的要求确定，对于机动车与非机动车混行的路段，应首先保证非机动车出行的便利，其纵坡宜按非机动车道要求，或分段按非机动车道要求控制。道路最小纵坡是为了满足路面排水的基本要求，附属道路不应小于 0.3%。

附属道路最大纵坡控制指标（%）　　表 2-41

道路类别及其控制内容	一般地区	积雪或冰冻地区
机动车道	8.0	6.0
非机动车道	3.0	2.0
步行道	8.0	4.0

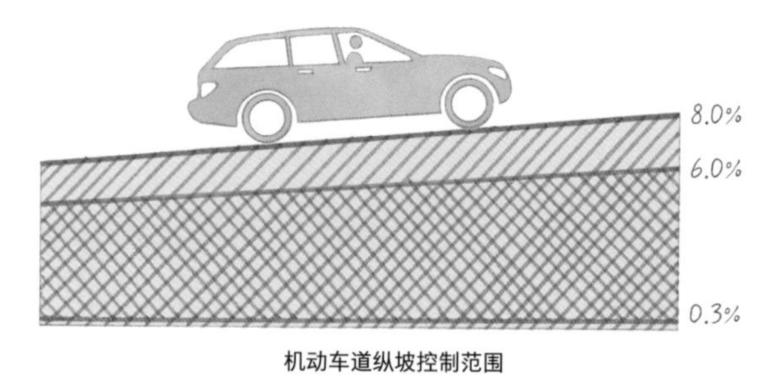

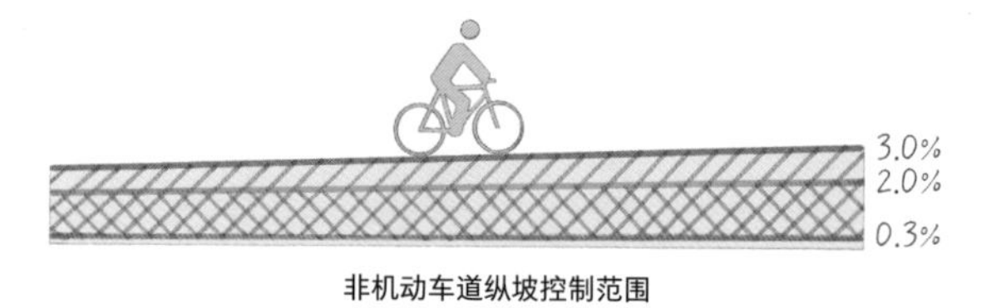

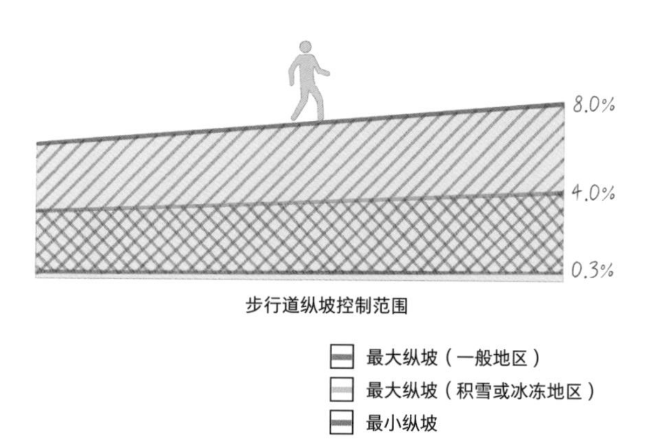

图 2-106　道路纵坡控制范围示意

至建筑物距离

最小距离

道路边缘至建筑物、构筑物最小距离

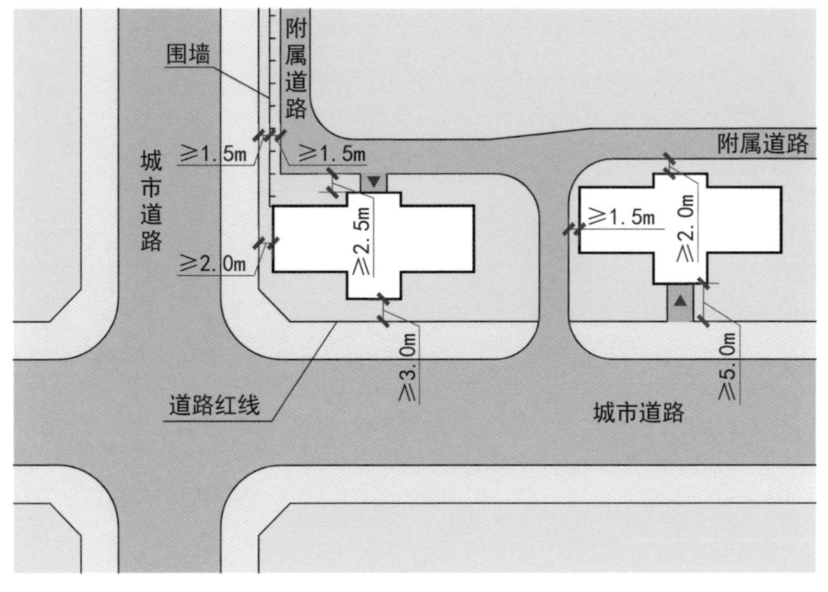

图 2-107　居住区道路边缘至建筑物、构筑物最小距离示意

道路边缘至建筑物、构筑物之间应保持一定距离，是为了保证道路的通行及行人的安全，建筑底层开窗开门和行人出入时带来的影响，同时有利于设置地下管线、地面绿化及减少对底层住户的视线干扰等。对于面向城市道路开设了出入口的住宅建筑，应保持相对较宽的间距，从而使居民进出建筑物时可以有个缓冲地段，并可在门口临时停放车辆以保障道路的正常通行。

居住区道路边缘至建筑物、构筑物最小距离（m）　　表 2-42

与建、构筑物关系		城市道路	附属道路
建筑物面向道路	无出入口	3.0	2.0
	有出入口	5.0	2.5
建筑物山墙面向道路		2.0	1.5
围墙面向道路		1.5	

注：道路边缘对于城市道路是指道路红线；附属道路分两种情况：道路断面设有人行道时，指人行道的外边线；道路断面未设人行道时，指路面边线。

条文解读

7 居住环境

Living Environment

Provision Interpretations

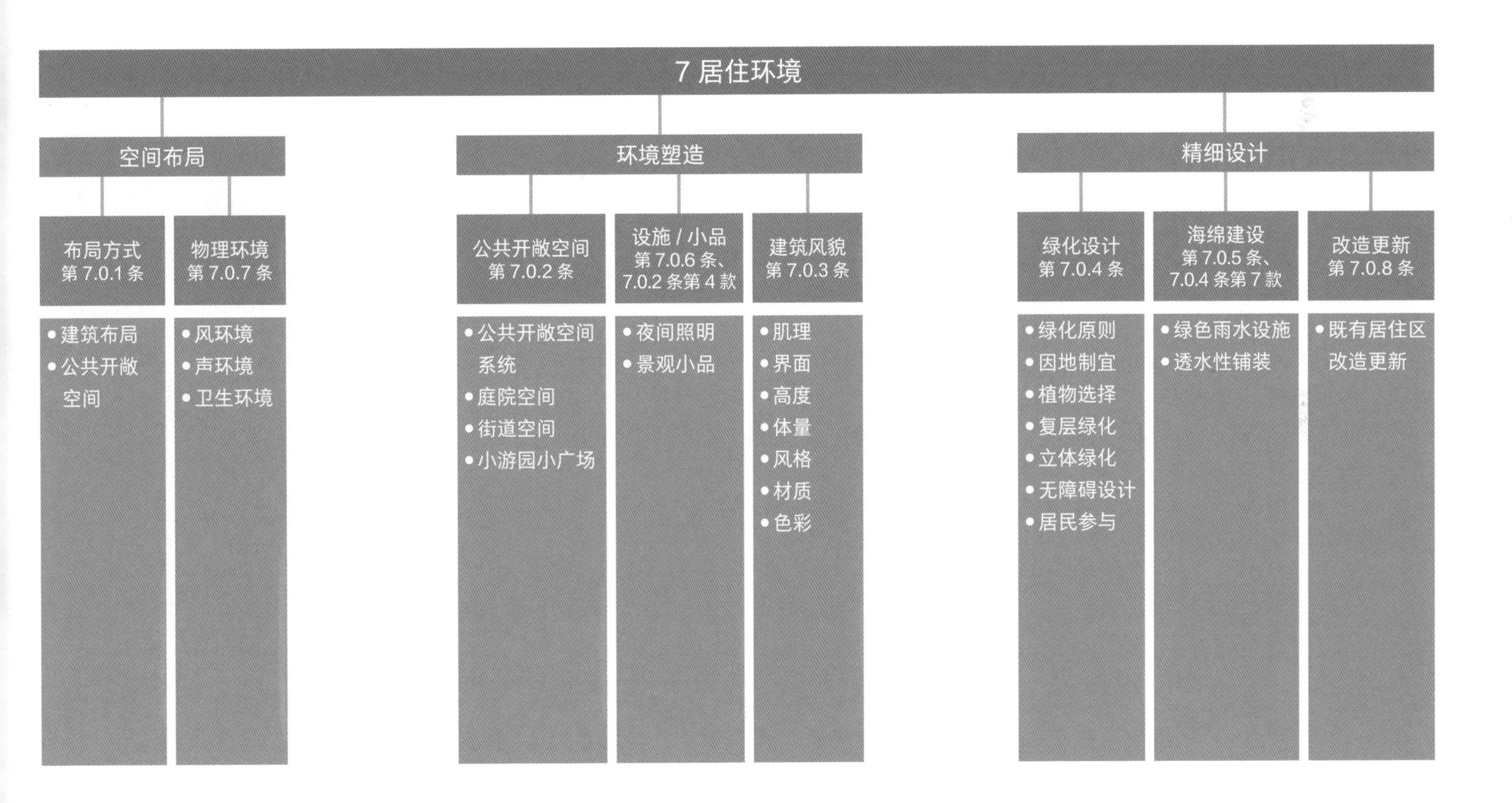

7 居住环境
空间布局
环境塑造
精细设计
布局方式
第 7.0.1 条
物理环境
第 7.0.7 条
公共开敞空间
第 7.0.2 条
设施 / 小品
第 7.0.6 条、
7.0.2 条第 4 款
建筑风貌
第 7.0.3 条
绿化设计
第 7.0.4 条
海绵建设
第 7.0.5 条、
7.0.4 条第 7 款
改造更新
第 7.0.8 条
• 建筑布局
• 公共开敞空间
• 风环境
• 声环境
• 卫生环境
• 公共开敞空间系统
• 庭院空间
• 街道空间
• 小游园小广场
• 夜间照明
• 景观小品
• 肌理
• 界面
• 高度
• 体量
• 风格
• 材质
• 色彩
• 绿化原则
• 因地制宜
• 植物选择
• 复层绿化
• 立体绿化
• 无障碍设计
• 居民参与
• 绿色雨水设施
• 透水性铺装
• 既有居住区改造更新

《标准》条文

居住环境

7.0.1 居住区规划设计应尊重气候及地形地貌等自然条件，并应塑造舒适宜人的居住环境。

7.0.2 居住区规划设计应统筹庭院、街道、公园及小广场等公共空间形成连续、完整的公共空间系统，并应符合下列规定：

1 宜通过建筑布局形成适度围合、尺度适宜的庭院空间；

2 应结合配套设施的布局塑造连续、宜人、有活力的街道空间；

3 应构建动静分区合理、边界清晰连续的小游园、小广场；

4 宜设置景观小品美化生活环境。

7.0.3 居住区建筑的肌理、界面、高度、体量、风格、材质、色彩应与城市整体风貌、居住区周边环境及住宅建筑的使用功能相协调，并应体现地域特征、民族特色和时代风貌。

7.0.4 居住区内绿地的建设及其绿化应遵循适用、美观、经济、安全的原则，并应符合下列规定：

1 宜保留并利用已有的树木和水体；

2 应种植适宜当地气候和土壤条件、对居民无害的植物；

3 应采用乔、灌、草相结合的复层绿化方式；

4 应充分考虑场地及住宅建筑冬季日照和夏季遮荫的需求；

5 适宜绿化的用地均应进行绿化，并可采用立体绿化的方式丰富景观层次、增加环境绿量；

6 有活动设施的绿地应符合无障碍设计要求并与居住区的无障碍系统相衔接；

7 绿地应结合场地雨水排放进行设计，并宜采用雨水花园、下凹式绿地、景观水体、干塘、树池、植草沟等具备调蓄雨水功能的绿化方式。

7.0.5 居住区公共绿地活动场地、居住街坊附属道路及附属绿地的活动场地的铺装，在符合有关功能性要求的前提下应满足透水性要求。

7.0.6 居住街坊内附属道路、老年人及儿童活动场地、住宅建筑出入口等公共区域应设置夜间照明；照明设计不应对居民产生光污染。

7.0.7 居住区规划设计应结合当地主导风向、周边环境、温度湿度等微气候条件，采取有效措施降低不利因素对居民生活的干扰，并应符合下列规定：

1 应统筹建筑空间组合、绿地设置及绿化设计，优化居住区的风环境；

2 应充分利用建筑布局、交通组织、坡地绿化或隔声设施等方法，降低周边环境噪声对居民的影响；

3 应合理布局餐饮店、生活垃圾收集点、公共厕所等容易产生异味的设施，避免气味、油烟等对居民产生影响。

7.0.8 既有居住区对生活环境进行的改造与更新，应包括无障碍设施建设、绿色节能改造、配套设施完善、市政管网更新、机动车停车优化、居住环境品质提升等。

概述

满足“人民日益增长的美好生活需要”，提升居住区空间环境品质，是居住区规划建设的重要任务。居住区环境建设如何适应“美好生活需要”，既要满足居民的物质性需要，也要满足心理性需要。《标准》在环境安全与环境品质、环境特色与风貌控制、空间活力与公共空间系统营造三个层面进行建设引导，提出控制要求，涉及公共空间、建筑风格、公共绿地、生态建设、污染防治等内容。

面向营造步行空间、促进社会交往、提升社区活力的发展目标，《标准》特别强调公共空间系统的规划与建设，从微观到宏观尺度，实现空间要素的整合与重组，建立由点、线、面等不同尺度和层次构成的城市公共空间系统。在宏观尺度与城市级的公共空间相衔接，在居住区内部，将公共空间和公共设施统筹安排，实现各级公共设施空间的有机衔接。既方便居民使用公共设施，又提高公共设施的服务效率；既构建起连续的公共空间，满足居民对不同类型、不同空间层次的互动与交往需求，又增添居住区公共空间的活力。

为塑造高品质居住环境，《标准》通过技术规定和要求加以引导，建设宜人的风、声、卫生等物理环境，并强调精细化设计、贯彻海绵城市建设理念，体现对老人、儿童、残疾人的关爱。

为提升风貌品质，《标准》强调城市规划及城市设计、景观设计应关注居住环境品质和建筑风貌，明确建筑设计应关注城市整体风貌的协调发展，强调与相邻居住区及周边区域空间形态的协调与融合。

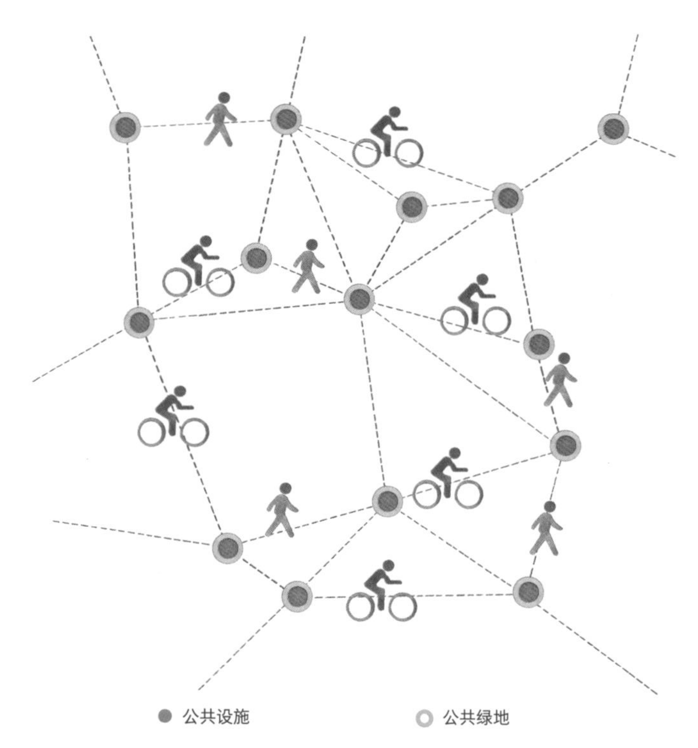

图 2-108　公共空间和公共设施统筹安排示意

图 2-109 结合自然山水，塑造富有特色的居住环境

图 2-110 融入当地文化特征，塑造体现地域特色的居住环境

空间布局

布局方式

居住区布局在居住环境塑造中，起着至关重要的作用。居住区布局应尊重气候及地形地貌等自然条件，进而塑造舒适宜人的居住环境。由于自然条件和历史文化背景的不同，我国各地的居住形式丰富多彩，各具特色。以传统民居为例，从北京的四合院，到山西的大院；从陕北的窑洞，到江南的园林，都体现着居住形式的地域特色与文化特征，体现着对民俗的尊重和当地自然环境的适应。

对于现代居住区规划建设来说，日照、气温、风等气候条件，地形、地貌、地物等自然条件，用地周边的交通、公共设施等外部条件，以及地方习俗等文化条件，都将影响着居住区的建筑布局和环境塑造，需要综合考虑这些因素，精心规划设计。

因此，居住区应通过不同的规划手法和处理方式，将区内的住宅建筑、配套设施、道路、绿地景观等规划内容进行全面、系统地组织、安排，成为有机整体，为居民创造舒适宜居的居住环境，体现地域特征、民族特色和时代风貌。

行列式

直线型

行列式的基本形式，可形成网格状空间布局。这种布局方式的优点是所有住户能够获得良好的朝向，通过纵向和横向的结合，将各个方向的景观引入居住区。

山墙错落型

打破直线行列式的单调感，通过建筑单体山墙错位布局，左右交错、前后交错形成具有一定韵律曲折变化的空间，并可将山墙之间的空间扩大形成通透开阔的开敞空间。

单元错接型

丰富居住区景观空间的有效手段，部分单体建筑采用了单元错接，形成小尺度的锯齿型曲折变化的空间，打破直线板楼形成的条形空间的单调感。

群组转向型

折线型

群组转向型行列式采用建筑群转向与周边道路形成一定的角度，而折线型行列式将建筑单体进行适当地折线变化，打破了一般行列式住宅宅间绿地景观缺乏变化的单调感，形成了有锐角和钝角的多样空间，给人新鲜愉快的感觉。在保证尽可能多住户获得良好朝向的同时，利用住宅单体的折线，布置出灵动的绿地景观空间。

扇形直线型

曲线型

扇形直线型和曲线型行列式是在规则式和不规则式地块常用的布局形式，建筑群以扇形围绕中心公共空间布局，宅间宽度渐变的带型空间和中心开阔的公共空间相互渗透，使空间具有向心力，中心公共绿地空间被充分共享。建筑单体的曲线变化形成了渐变的收放空间，改善了一般行列式布局绿地空间缺乏变化的问题，形成了丰富变化的景观空间。

建筑布局

周边式

单周边型

规则式单周边布局是建筑或建筑群围合成相对规则的庭院空间或小游园，可在较大的空间尺度上进行景观空间的规划组织，利用各种类型的小尺度空间形成丰富序列。

双周边型

周边布局形成的空间，内部与外部空间共同组成居住区内的景观空间，使建筑从两个方向都能获得很好的视觉效果，且加强内部景观空间的安静私密性。

自由周边型

自由式周边布局可以是弧形、折线形，形成不规则的自由变化的空间，能更好地适应地形的变化，创造丰富多变的空间，又可避免在规则的地块上形成呆板的围合。

混合式

采用以上行列式和周边式两种基本形式的组合形式，最常见的是以行列式为主，以公建或少量住宅沿道路或院落周边布置或者形成组团式、半开敞式院落。混合式综合了行列式和周边式的优势，楼栋形式可错落有致，创造出丰富变化的景观空间。

点群式

点式建筑自成组团或围绕建筑组团中心形成群组的形式。点式建筑包括多层点式及高层塔式住宅。

自由式

受地形地貌等自然条件影响，灵活布置，空间尺度会根据地形的不同而有所不同。自由式布局的特点是有利于因地制宜地创造丰富多彩的自然空间，更好地获取自然通风采光和变化多姿的景观效果。

公共开敞空间

线式

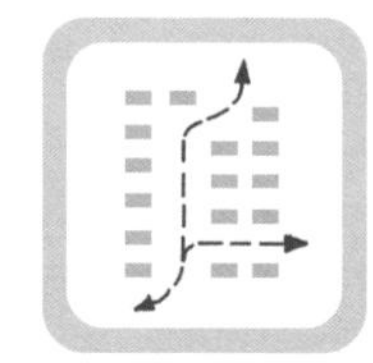
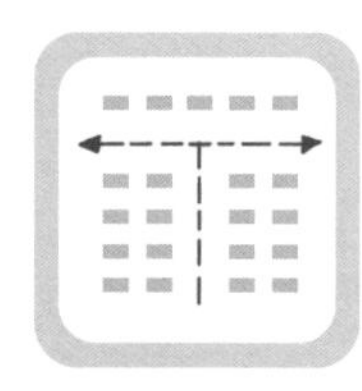
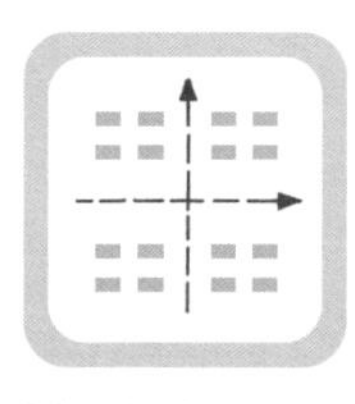

居住街坊中以一条或多条景观轴线形成核心景观带，并贯穿整个居住街坊或居住街坊的局部地段。线式布局一般采用两种方式，一是直线轴线形式，布局比较规则，一般可以通过对行列式建筑布局形式的优化，使其更灵活的表现；二是曲线形式，例如通过水系进行自然流畅的线式布局。

围合式

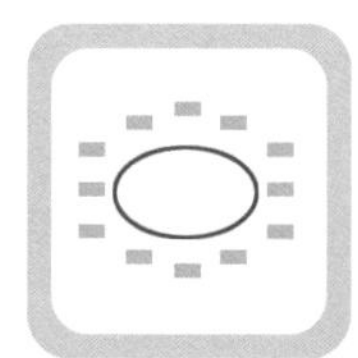

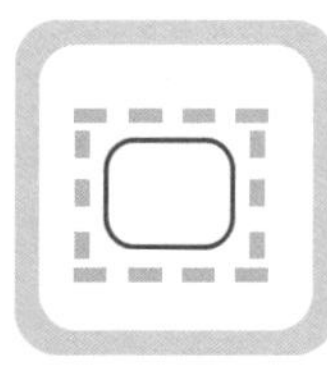

居住街坊的景观绿地空间集中在中心布置，形成具有综合功能的居住街坊公共开敞空间。公共开敞空间由建筑群围合形成，空间的尺度规模与居住街坊规模、建筑布局方式和建筑高度有关。这一布局形式常用于高层建筑围合形成的中心绿地和大型项目的建筑群形成的中心绿地，其景观均好性、可达性好，利用率较高，且一般不受车行交通干扰，利于居民安全使用。

混合式

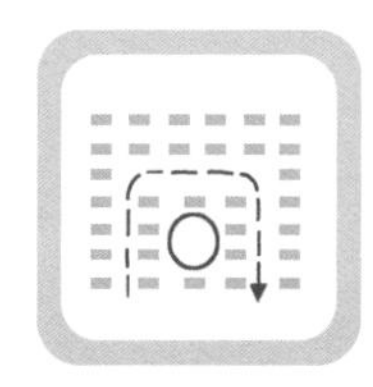
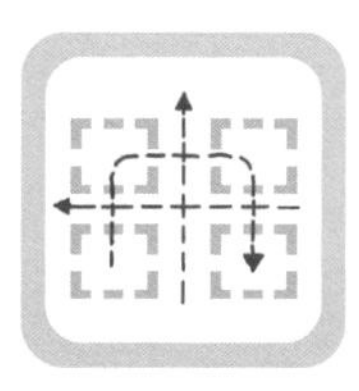
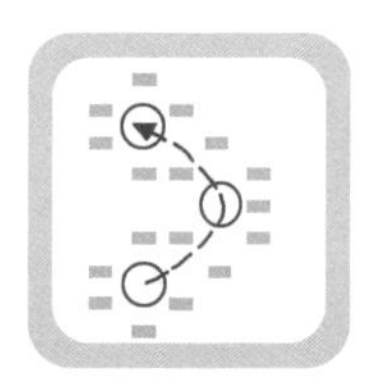

几种布局形式同时存在于同一居住街坊，一般在较大规模的居住街坊采用这种布局方式，空间布置灵活，景观功能多样，层次丰富，居民的户外活动选择余地较大，布局均好性突出。几种布局形式的同时存在，可以使部分绿地空间的使用功能在受到限制的时候，周围的绿地空间起到补充和代替作用，以满足不同需求。

空间布局

物理环境

优化宜人风环境

风环境是空气气流在建筑内外空间的流动状况及其对建筑物的影响。风环境是居住区建筑布局应考虑的一项重要内容，如居住区内风环境不合理，将产生诸多问题。

居住区的微气候是多种因素相互作用的共同结果，居住区规划布局应充分考虑自身所处的气候区，以及所在区域冬季、过渡季和夏季主导风向和典型风速、地形变化而产生的“地方风”，使居住区的微气候满足防寒、保温等设计要求，进而统筹建筑空间组合、绿地设置及绿化设计，优化居住区的风环境，形成有利于居民室外、活动的舒适环境和住宅建筑本身的自然通风。

对于严寒和寒冷地区以及沿海地区的不利主导风，应通过多种技术措施削弱和阻挡其对于居住区的不利影响。通常可以通过树木绿化、山体、土堆、布置建筑及构筑物等方法阻挡不利风的影响。对于过渡季和夏季主导风向，可通过合理设置区域或用地内的微风通廊，有效控制建筑形体和面宽，在适当位置采用过街楼或首层架空等技术措施引导或加强通风，使居住街坊内保持适宜的风速，不出现涡旋或无风区，减少气流对区域微环境和建筑本身的不利影响。同时，高层住宅建筑群的规划布局应避免产生风洞效应，保证人行高度上不产生“旋涡风”等不安全因素。

利用建筑空间组合：住宅错列布置，增大迎风面，将气流引入住宅群内部

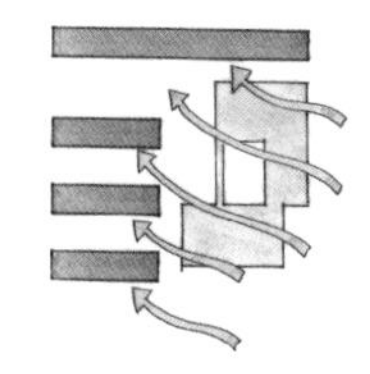

利用建筑空间组合：将较低的住宅及公共建筑布置在迎风面，以利于促进气流

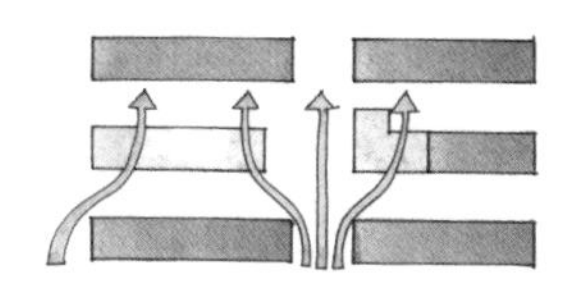

利用建筑空间组合：低层住宅或公共建筑布置在多层住宅群之间，改善通风

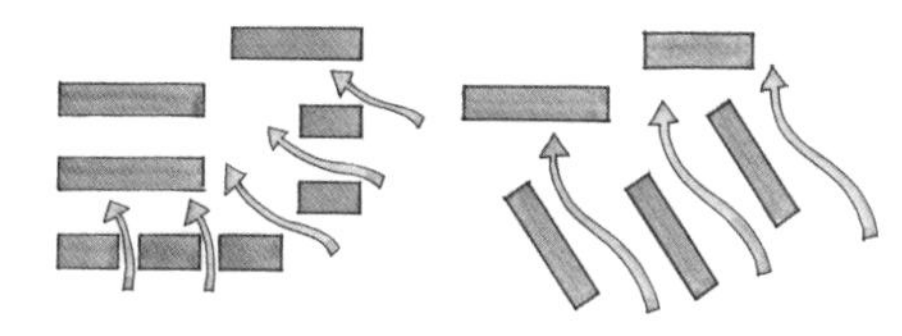

利用建筑空间组合：住宅组群豁口迎向主导风向，有利引导气流

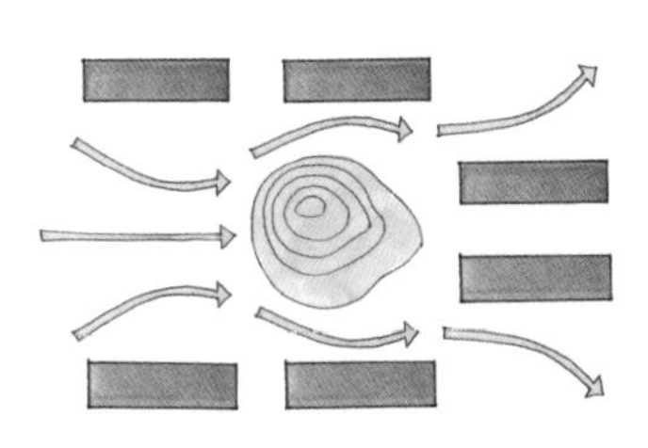

利用地形：山体土堆引导气流风向，并阻挡不利风影响

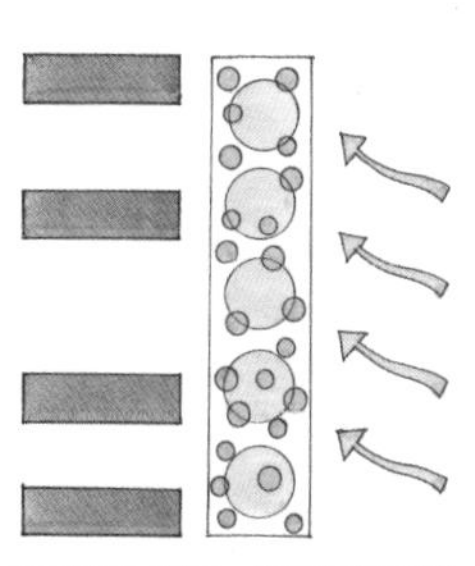

利用树木绿化：注重绿化布局，利用树木绿化起到导风或防风作用

图 2-111　利用建筑空间组合、地形、树木等优化风环境

塑造舒适声环境

噪声对居住区居民的危害是多方面的，不仅干扰正常生活和休息，更会损害听觉和引起神经系统和心血管方面的疾病。因而居住区内的声环境及噪声防治对于居住区环境来说具有重要意义。

依据《声环境质量标准》GB 3096−2008 的相关规定，应通过居住区室外环境噪声控制，充分利用建筑布局、交通组织、坡地绿化或隔声设施等方法，降低周边环境噪声对居民的影响，保证居民在室内外活动时的良好声环境。

针对居住区主要噪声源，可采取多种措施降低噪声对居住区室内外环境的负面影响，如优化建筑布局和交通组织方式，利用临街建筑防止噪声，减少对居民生活的影响；绿篱能反射 75% 的噪声，设置噪声缓冲带、绿化隔离带，也可以减少噪声影响；也可设置声屏障等隔声设施，优先遮挡或避开声级高的噪声源；在居住区布局中利用地形的高低起伏作为阻止噪声传播的天然屏障，特别在山地居住区进行竖向规划时，应充分利用地形条件，减小噪声对居住区居住功能的影响。此外，还可采取相应的减振、消声和遮挡等技术措施降低居住区内部行车、居民活动和工作营业场所产生的噪声。

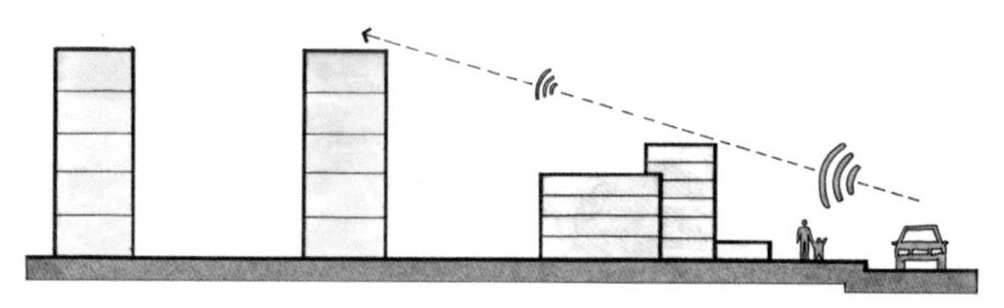

优化建筑布局，利用对噪声要求不高的临街建筑防止噪声

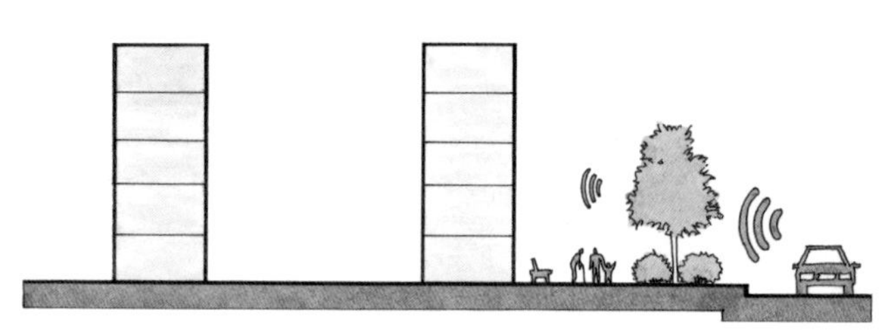

设置绿化隔离或噪声缓冲带，利用绿化降低噪声

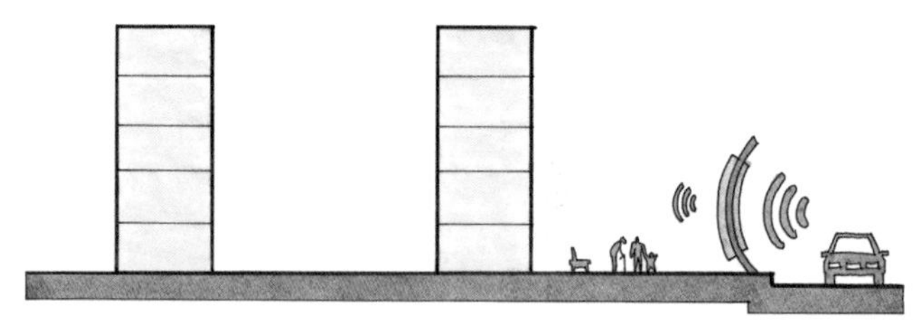

设置隔声屏障等隔音设施，降低噪声

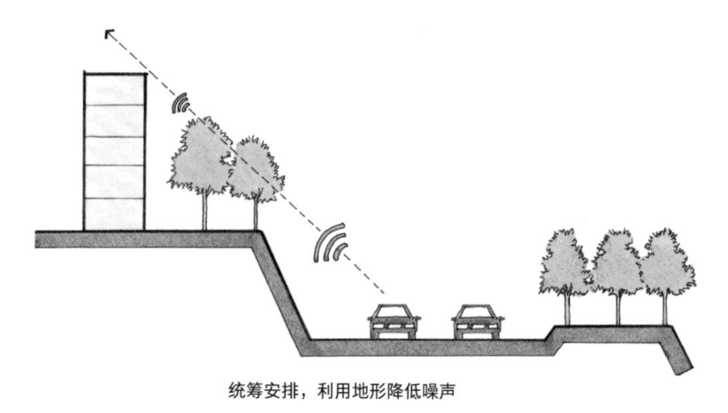

统筹安排，利用地形降低噪声

图 2−112　采取多种方式，降低噪声影响

图 2-113　垃圾转运站应避免距离居住建筑过近，并应采取封闭式设计

图 2-114　上海翔殷路 491 弄小区儿童活动场地旁的垃圾收集点采取封闭式设计，并避开活动场地

维护公共卫生环境

气味、油烟等对于居住环境及居民生活有着很大影响。气味和油烟的排放来源主要是餐饮等服务设施及垃圾收集点和公共厕所等市政设施。在居住区布局和设计中应对其进行妥善安排。

首先在居住区规划中，对于餐饮店等容易产生气味和油烟的商业服务设施，以及生活垃圾收集点、公共厕所等容易产生异味的环卫设施，应进行合理布局，做好油烟排放措施或远离住宅建筑，减小对居民正常生活的负面影响。

其次，对于上述设施应尽量采用封闭式设计，避免气味、油烟等对居民生活环境的影响。

环境塑造

公共开敞空间

构建居住区公共开敞空间系统

居住区公共开敞空间是供居民日常生活和社会交往的重要场所，一般包括庭院、街道、广场、公园等。作为居住区内塑造景观环境的重要内容，其公共开敞空间在美化居住环境、引导设施布局、促进公共交往等方面有着重要作用。《若干意见》中也明确要求“合理规划建设广场、公园、步行道等公共活动空间，方便居民文体活动，促进居民交流”。

因此，居住区应通过空间布局，合理组织建筑、道路、绿地等要素，塑造宜人的公共开敞空间，统筹庭院、街道、公园及小广场等公共空间，形成连续、完整的公共开敞空间系统。

对于居住区内部的公共开敞空间系统，应在空间要素组织和整合的基础上，从微观到宏观尺度与城市级的公共空间进行衔接，形成由点、线、面等不同尺度和层次空间构成的城市公共空间系统。对于居住区而言，其公共开敞空间系统应与各级公共设施进行衔接。将公共开敞空间和公共设施统筹安排，既可以方便居民使用公共设施，又可以增添居住区公共开敞空间的活力。

庭院

街道

小广场

小游园

图 2-115　居住区公共开敞空间的主要类型

形成适度围合、尺度适宜的庭院空间

庭院空间主要通过居住区内的建筑进行围合而形成。典型的庭院空间如 L 型和 U 型建筑两翼之间的围合区。

庭院空间一般规模较小，位于宅间，是居民最便于到达的小型公共空间。一般结合宅间绿化进行布置，辅以室外活动设施，既可以美化居住区环境，又可以提供居民活动的场所。

对于庭院空间的设计来说，应注意控制建筑围合所形成的空间尺度，以图 2-117 建筑的 D/H 为例，应控制庭院空间的 D/H 在 1～2 之间为宜，可形成具有适度围合感、尺度宜人的居住庭院空间，避免产生“天井式”等负面空间效果。

图 2-116　以景观绿化为主的庭院空间

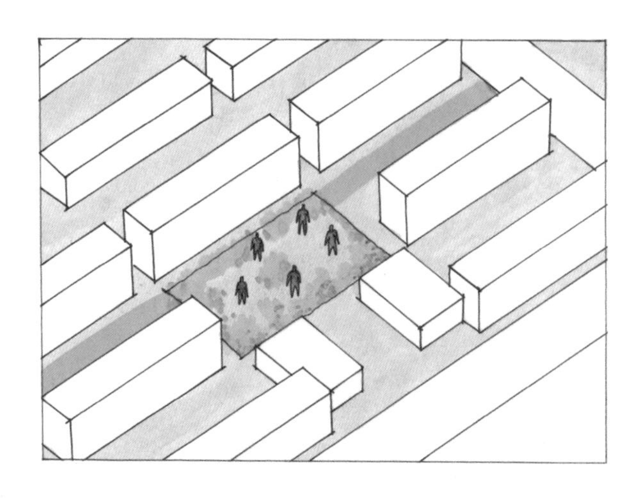

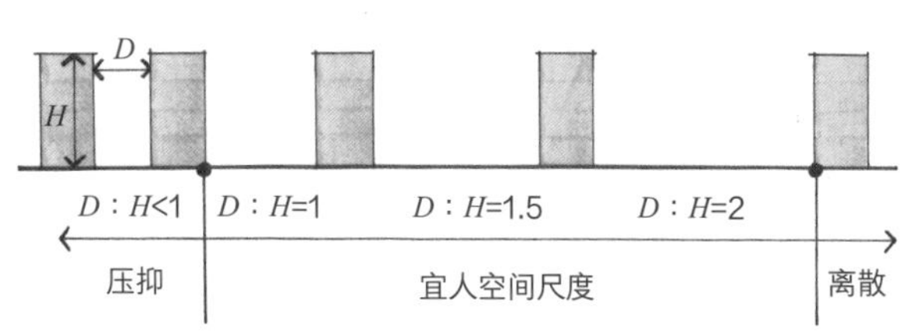

图 2-117　控制庭院空间与建筑高度的比例尺度

塑造连续、宜人、有活力的街道空间

作为公共空间的重要组成部分，宜人而有活力的街道空间有利于增添居住区活力，方便居民生活，促进居民交往。

通过街道的线型空间，可沿街布置商业服务业、便民服务等居住区配套设施，并将重要的公共空间和配套设施进行连接，提升街道空间的活力。

在街道空间的设计上，应优化临街界面，对临街建筑宽度、体量、贴线率等指标进行控制，针对街道空间的非机动车道、绿化设施、步行区域、外摆广场等进行铺地、树木、照明的统筹设计及优化，形成界面连续、尺度宜人、富有活力的街道空间。

图 2-118　上海大学路

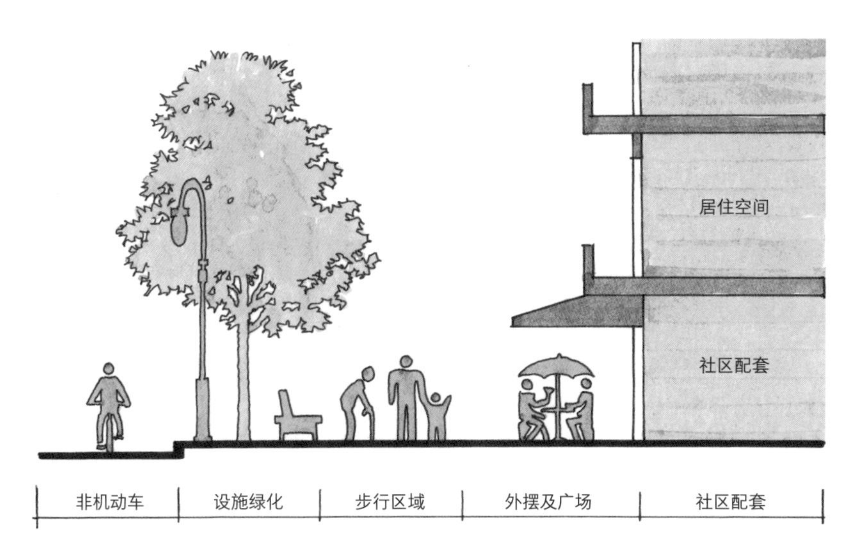

图 2-119　街道空间塑造引导

图 2-120　新加坡大巴窑结合社区设施的街道空间

构建动静分区的小游园小广场

小游园和小广场，是居民就近集中开展各种户外活动的公共空间，应便于居民使用，并宜动静分区设置。

动区供居民开展丰富多彩的健身和文化活动，宜设置在居住区边缘地带或住宅楼栋的山墙侧边。静区供居民进行低强度较安静的社交和休息活动，宜设置在居住区内靠近住宅楼栋的位置，并和动区保持一定距离。通过动静分区，各场地之间互不干扰，塑造和谐的交往空间，使居民既有足够的活动空间，又有安静的休闲环境。

在空间塑造上，小游园和小广场宜通过建筑布局、绿化种植等进行空间限定，形成具有围合感、界面丰富、边界清晰连续的空间环境。

图 2–121　小游园空间

图 2–122　小游园空间

丰富公共空间的多样功能

居住区内的公共空间需要满足多种人群的不同需求，一般应包括户外休息空间、健身活动空间、儿童游戏空间、老年人活动空间。每一种空间类型都有其自身的特点和要求，以适应不同的区域、空间环境条件和使用人群。

户外休息空间：

在居住区内部与人的行为活动紧密联系的、能够为人的停留和活动提供场所、配套设施的公共空间。宜静不宜动，其位置应尽量远离喧闹的场所。在休息空间内，应为居民提供各种休息场所及服务设施，如适量的亭、廊、花架、座椅凳等。

休息空间规模可灵活设置，规模较大的休息空间可以结合居住区公园、小游园、小广场等综合考虑其位置，而小型休息空间可以在集中绿地宅间庭院空间、人行道旁的绿地上布置。

健身活动空间：

以健身运动场地及相关配套设施为载体的公共空间，一般选择采光足、环境清幽的平整场地，以便充分发挥户外运动的优势，并应结合体育设施整体布局综合考虑和设置。

居住区健身空间的规模和设施可以灵活选择、因地制宜。如在两栋住宅间的庭院空间，可以结合绿地设置一些室外大众健身器材，满足个人健身需求。在相对开敞的小游园小广场，则可以设置球场等多功能活动场地，供集体娱乐健身活动。

图 2-123　设置各种健身设施的健身活动空间

图 2-124　结合庭院设置的休息空间

丰富公共空间的多样功能

儿童游戏空间：

儿童是居住区公共空间使用频率最高的群体之一。儿童游戏空间有利于儿童的身心健康，锻炼儿童意志与性格，也满足了儿童活动与互相交往的需求。

在居住区儿童游戏空间的设计中，要重视孩子的天性，真正从孩子的角度出发，应加强引入具有趣味性、引导性、创新性、安全性的儿童游戏设施及产品，改变贫乏无趣的游戏场设计模式，增强儿童的主动性和参与感，设计出更符合孩子们需要的游戏场所。

老年人活动空间：

老年人和儿童一样，也是居住区公共空间使用频率最高的群体之一。为了提高老年人的生活质量，使老年人“老有所乐”，在居住区营建高质量的老年人户外活动空间是十分必要的。

首先，将居住区中的景观空间设在老年人活动空间周围，方便老人散步和观赏。其次，由于身体机能的衰退，空间设计要特别注意老人的安全和无障碍设计。针对老年人的生理特点设置相应的运动设施，方便老年人锻炼。另外，老年人有着害怕孤单的心理特点，其活动空间应处于半开敞的场所，能保持视线通透性，空间宜相对开放，不宜过分幽静。老年人活动空间可以与儿童游戏空间相邻布置，以方便老年人带小孩和活跃环境气氛。

图 2-125　考虑儿童使用需求的游戏空间

图 2-126　居住区内的老人活动空间

完善夜间照明

兼具功能性和艺术性的夜间照明设计，不仅可以方便居民生活，同时也丰富居民的夜间生活，提高居住区的环境品质。然而，户外照明设置不当，则可能会产生光污染并严重影响居民的日常生活和休息。

因此，户外照明设计应满足不产生光污染的要求。夜间照明设计应从居民生活环境和生活需求出发，采用泛光照明，合理运用暖光与冷光进行协调搭配，对照明设计进行艺术化提升，塑造自然、舒适、宁静的夜间照明环境；在住宅建筑出入口、附属道路、活动场地等居民活动频繁的公共区域进行重点照明设计，根据功能及区位，合理设置照明位置高度；针对居住建筑的装饰性照明以及照明标识的亮度水平进行限制，避免产生光污染。

另外，由太阳能热水器、光伏电池板等建筑设施设备的镜面反射材料引起的有害反射光也是光污染的一种形式，产生的眩光会让居民感到不适。因而，居住区的建筑设施设备设计，应特别注意不要对居住建筑室内产生反射光污染。

设置景观小品

景观小品是居住环境中的点睛之笔，通常体量较小，兼具功能性和艺术性于一体，对生活环境起点缀作用。居住区内的景观小品一般包括雕塑、大门、壁画、亭台、楼阁等建筑小品，座椅、邮箱、垃圾桶、健身游戏设施等生活设施小品，路灯、防护栏、道路标志等道路设施小品。

景观小品设计应选择适宜的材料，并应综合考虑居住区的空间形态和尺度以及住宅建筑的风格和色彩。景观小品布局应综合考虑居住区内的公共空间和建筑布局，并考虑老年人和儿童的户外活动需求，进行精心设计，体现人文关怀。

出入口照明

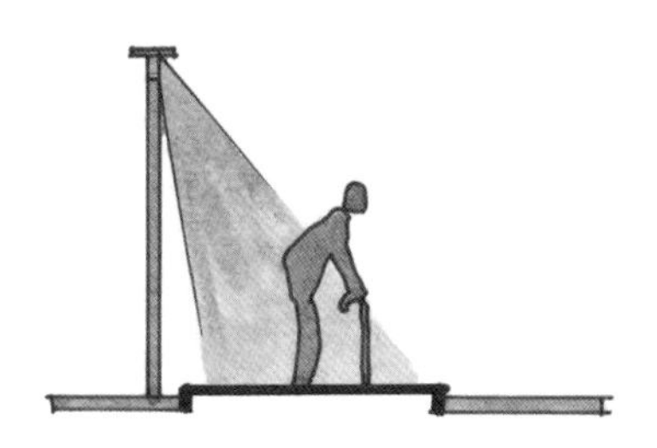

附属道路照明

活动场地照明

避免光污染

图 2-127　结合空间环境和使用需求，设置不同方式的照明

环境塑造

建筑风貌

居住区内的建筑设计应形式多样，建筑布局应层次丰富，但这种多样性和丰富性并不单纯体现在形体多、颜色多和群体组合花样多等方面，应该强调的是与城市整体风貌相协调，强调与相邻居住区和周边建筑空间形态的协调与融合。盲目地求多样、求丰富、求变化，难免会产生杂乱无章、空间零碎的结果。

因此，在居住区的规划设计中应运用城市设计的方法进行指引：居住区建筑的肌理、界面、高度、体量、风格、材质、色彩应与城市整体风貌、居住区周边环境及住宅建筑的使用功能相协调，避免住宅建筑“公建化”倾向，并应体现地域特征、民族特色和时代风貌。

对于建筑设计，应以地区及城市的全局视角来审视设计的相关要素，有效控制高度、体量、材质、色彩，并与其所在区域环境相协调；对于建筑布局，应结合用地特点，加强群体空间设计，延续城市肌理，呼应城市界面，形成整体有序、局部错落、层次丰富的空间形态，进而形成符合当地地域特征、文化特色和时代风貌的空间和景观环境。

图 2-128　巴黎不同居住建筑之间的风貌协调

精细设计

绿化设计

绿化原则

居住区内绿地的绿化应遵循适用、美观、经济、安全的原则。

适用，要求绿地绿化及景观设计应适合当地气候条件及生态环境，所营造的绿地环境应便于居民使用。

美观，要求绿地进行美学层面的设计，塑造优美宜人的绿地景观空间。

经济，要求绿地的树种选择及设计方案考虑到经济要素，以人为本，以塑造宜人空间品质及低成本维护为主，不应片面追求奢华。

安全，要求绿地设计考虑各景观元素的安全性，减少居民使用所产生的过敏、中毒或其他危险。

图 2-129　居住区内绿化及景观设计

因地制宜

居住区的绿化景观营造应充分利用现有场地自然条件，宜保留和合理利用已有树木、绿地和地形、水体。对于已有树木和绿地，应在景观空间设计和建设中尽量保留。对于地形，应利用自然地势，按照大格局顺应地势、小场地轻微调整的原则，形成各种生动的山地、坡地、台地和洼地等地形。对于水体，应结合现状，进行景观设计，丰富景观空间。

图 2–130　北川新县城对水体的景观利用

图 2-131　不适宜居住区种植的植物示例

图 2-132　近人尺度绿化更应注意安全性

植物选择

植物作为景观环境的重要构成要素，其选择和配置应考虑经济性和地域性原则，应选用适宜当地条件和适于本地生长的植物种类，以易存活、耐旱力强、低维护、长寿命的地带性乡土树种为主。

同时，植物选择还应考虑到安全性原则，保障居民的安全健康，应选择病虫害少、无针刺、无落果、无飞絮、无毒、无花粉污染、不易导致过敏的植物种类，不应选择对居民室外活动安全和健康产生不良影响的植物。尤其如博落回、飞燕草、嘉兰、铃兰、麦仙翁、曼陀罗、天仙子、冬珊瑚、相思子、铁线莲、黄花夹竹桃、照山白等，这些植物或是汁液，或是浆果，或是种子，或是叶片有毒或剧毒，应防止居民误用或误食。

复层绿化

植物所特有的美感是由其形态、色彩、质感、季相变化、生命力表现出来的，在居住区景观空间的塑造中，植物的绿化设计对各类景观空间形成起着关键作用。

绿化应采用乔、灌、草相结合的复层绿化方式，也就是乔木、灌木和草坪地被植物相结合，在垂直空间上形成复层栽植的植物配置形式。群落多样性与特色树种相结合，提高绿地的空间利用率，增加绿量，美化环境。

复层绿化可以形成前景、中景、背景的多层次人工植物群落景观，根据不同的造景需要，创造丰富多彩、千变万化的复层栽植组合方式，结合各种尺度的空间形成丰富的景观层次和景观体验，并达到有效降低热岛强度的作用。

同时，注重落叶树与常绿树的结合和交互使用，满足居民夏季遮阳和冬季采光的需求，使生态效益与景观效益相结合，为居民提供良好的景观环境和居住环境。

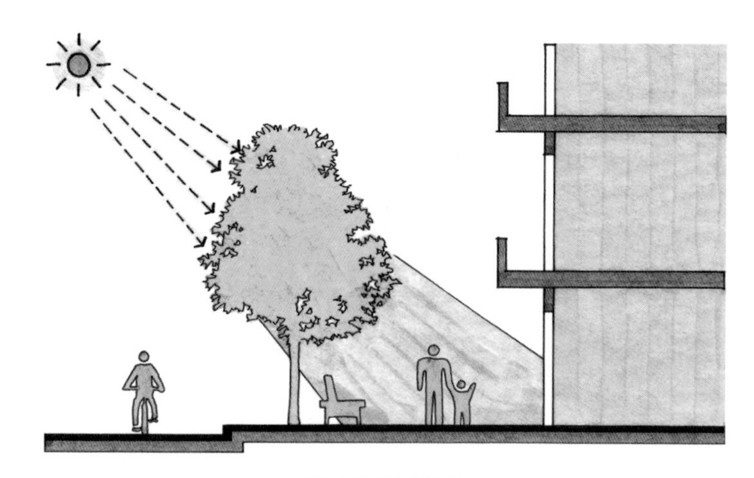

夏季乔木树叶遮挡阳光

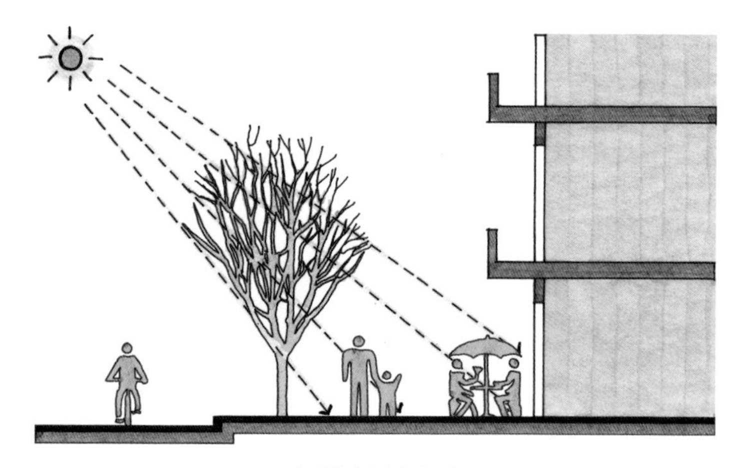

冬季落叶乔木渗透阳光

图 2-133　落叶树与常绿树结合，满足夏季、冬季不同需求

图 2-134　住区复层绿化

图 2-135　乔灌草结合的复层绿化

图 2-136　垂直绿化

图 2-137　新加坡榜鹅生态社区的退台绿化

图 2-138　住区无障碍设计

立体绿化

居住区用地的绿化可有效改善居住环境，适宜绿化的用地均应进行绿化，并可结合气候条件采用垂直绿化、退台绿化、底层架空绿化等多种立体绿化形式，同时应加强地面绿化与立体绿化的有机结合。如此可以丰富园林绿化的空间结构层次和立体景观艺术效果，有助于进一步增加绿量、减少热岛效应、吸尘、减少噪声和有害气体，营造和改善生态环境，更好地发挥生态效用。通常还可以结合配套设施的建设充分利用可绿化的屋顶平台及建筑外墙进行绿化。

无障碍设计

对于有活动设施的绿地，如居住区绿地内的步行道路、休闲休憩场所等公共开敞空间，应符合无障碍设计要求，并与居住区的无障碍系统相衔接。例如，步行道经过车道以及不与同标高的步行道相连接时应设路缘坡道；坡道坡度不宜大于 2.5%，当大于 2.5% 时，变坡点应予以提示，并宜在坡度较大处设扶手。

居民参与

鼓励居民参与绿化景观营造。居住区内的绿化景观，其本质是要服务于居民使用的，因而应提升绿化景观营造中居民的参与度。如设置农园菜园种植区鼓励居民动手参与，开展针对居民尤其是儿童的互动园艺活动，进行生态及可持续理念的实践性科普教育等，以此植根于邻里生活，将田园自然回归城市社区，促进居民提升自治的能力和加强社会交往，提高街区活力，促进社区营造。

图 2-139　德国的社区花园

图 2-140　鼓励居民参与的上海创智农园实践

精细设计

海绵建设

绿色雨水设施

为减少雨水径流外排，居住区场地应结合雨水排放进行竖向设计，合理设计雨水花园、下凹式绿地、景观水体以及干塘、树池、植草沟等绿色雨水设施，对区内雨水进行有序汇集、入渗，控制径流污染，起到调蓄减排的作用。

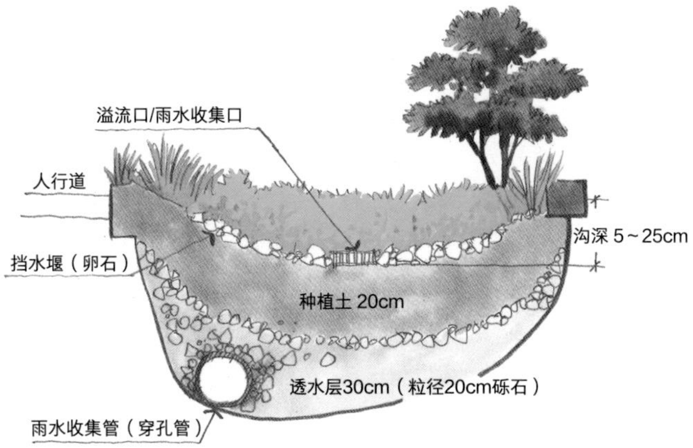

透水性铺装

居住区公共绿地活动场地的铺装、居住街坊附属道路及附属绿地的活动场地，在符合有关功能性要求的前提下应满足透水性要求。

公共绿地中的小广场等硬质铺装应通过设计满足透水要求，实现雨水下渗至土壤或通过疏水、导水设施导入土壤，减少建设行为对自然生态系统的损害。

居住街坊内的道路应优先考虑道路交通的使用功能，在保证路面路基强度及稳定性等安全性要求的前提下，路面宜满足透水功能要求，尽可能采用透水铺装，增加场地透水面积。地面停车场也应尽可能采用透水设计。

在透水铺装的具体做法上，可根据不同功能需求、城市地理环境、气候条件选择适宜的形式。例如人行道及车流量和荷载较小的道路、宅间小路可采用透水沥青混凝土铺装，地面停车场可采用嵌草砖，公共绿地中的硬质铺装宜采用透水砖和透水混凝土铺装，公共绿地中的步行路可采用鹅卵石、碎石等透水铺装。

溢流口/雨水收集口
人行道
沟深 5～25cm
挡水堰（卵石）
种植土 20cm
透水层30cm（粒径20cm砾石）
雨水收集管（穿孔管）

图 2-141　海绵理念剖面示意

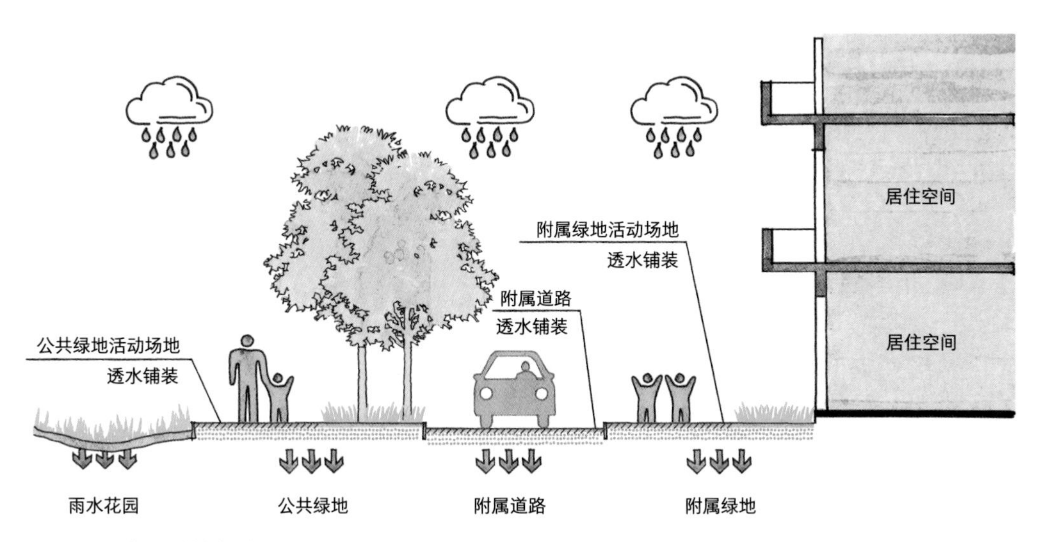

图 2-142　居住区透水铺装示意

精细设计

改造更新

既有居住区改造更新

既有居住区已出现不能满足当前居民生活需求的情况，如步行系统不满足无障碍设计要求；硬质铺装未采用透水材料，绿地未能体现海绵城市建设的理念；缺少机动车停车场所导致乱停车现象，绿地、人行道等公共空间被侵占；绿地及人行步道缺少养护，市政管网老化，年久失修。居住环境退化等问题日渐突出，亟需综合改良，提升空间环境品质。

因而应鼓励既有居住区进行更新改造，提升环境品质。具体包括无障碍设施建设、绿色节能改造、配套设施完善、市政管网更新、机动车停车优化、居住环境品质提升等。其中，针对既有住宅建筑进行无障碍改造加装电梯，《标准》对住宅建筑间距的有关日照标准的规定进行了修改，允许对相邻住宅原有的日照水平有所影响，但在实施中应优化设计将不良影响降至最低。

图 2-143　针对既有居住区开展综合改造

图片来源

第一部分

图 1-1、1-2、1-3、1-4、1-12、1-13、1-14、1-15：编制组绘；

图 1-5、1-6、1-8、1-10、1-11：中国城市规划设计研究院，李昊摄；

图 1-7：中国城市规划设计研究院，鹿勤摄；

图 1-9：陈应梦绘。

第二部分

图 2-1、2-6、2-7、2-8、2-9、2-10、2-11、2-16、2-23、2-24、2-25、2-27、2-28、2-30、2-31、2-65、2-67、2-71、2-72、2-74、2-75、2-88、2-107：编制组绘；

图 2-4：同济大学，贾淑颖摄；

图 2-18：中国城市规划设计研究院，顾宗培摄；

图 2-26：引自谷歌地球；

图 2-2、2-5、2-12、2-13、2-14、2-15、2-17、2-19、2-20、2-21、2-22、2-29、2-32、2-33、2-34、2-35、2-36、2-37、2-38、2-39、2-40、2-41、2-42、2-43、2-44、2-45、2-46、2-47、2-48、2-49、2-50、2-51、2-52、2-53、2-54、2-55、2-56、2-57、2-58、2-59、2-60、2-61、2-62、2-63、2-64、2-66、2-68、2-69、2-70、2-73、2-76、2-77、2-78、2-84、2-87、2-89、2-90、2-91、2-92、2-93、2-94、2-96、2-97、2-99、2-101、2-103、2-104、2-105、2-106、2-108、2-111、2-112、2-117、2-119、2-127、2-133、2-135、2-141、2-142、2-143：编制组制，陈应梦绘；

图 2-3、2-79、2-80、2-81、2-82、2-83、2-85、2-86、2-95、2-98、2-100、2-102、2-109、2-110、2-113、2-114、2-115、2-116、2-118、2-120、2-121、2-122、2-123、2-124、2-125、2-126、2-128、2-129、2-130、2-131、2-132、2-134、2-136、2-137、2-138、2-139、2-140：陈应梦绘。

后记

《城市居住区规划设计标准》GB 50180-2018（以下简称《标准》）颁布实施已经三年了，解读之所以姗姗来迟，一方面是因为希望通过一段时间的施行和沉淀来汇集各地遇到的疑问，能把一些典型问题反映到解读中，更好地服务读者；另一方面是本着精益求精的态度，想让解读的品质更好一些，体现更多的设计感，毕竟解读的受众很大一部分是规划师、设计师。

回想《标准》编制的过程，有默契的共识，也有热烈的争论；有广泛的支持，也有不少的质疑。特别是《标准》对住宅建筑限高的要求一度引起很大争议，给编制组也带来巨大的压力，但事实证明，控制建筑高度不仅是从中央精神到百姓心声的普遍诉求，更是塑造安全、舒适、健康居住环境的基本要求。对编制组而言，无论面对何种情况，目标只有一个，那就是希望老百姓能生活在更舒适、更美好的家园里。《标准》的文字、数字看似冰冷，其实是有温度的。

与上版《城市居住区规划设计规范》GB 50180-1993相比，《标准》的修订是全面而深刻的，从理念思路到整体架构、从条文内容到控制指标都发生了很大改变，这和我国经济、社会的发展与变化紧密相关。人口结构、生活方式、社会治理的变化，开发方式、建设模式、生活需求的多元化，使《标准》在居住区分级、用地与建筑指标、配套服务设施、居住环境等方面都做了修订，以适应这样的变化。

这些年来，编制组在全国各地进行了数十次《标准》解读会，听众累计数千人次，每次会后，都会被学员团团围住，向编制组提出各种各样的问题。从一张张热切的面庞中，我们看到的是信任，感受的是责任，在这个过程中，编制组也获益良多，这促使我们继续思考，无疑对这本解读也产生了有益的帮助。

在任何结束的背后，总会有开始的身影。《标准》的编制工作虽然结束了，但也意味着下一轮修订的开始。经济、社会的发展永不停步，老百姓对居住环境的改善要求也会不断提高，一版《标准》不可能解决所有的问题，一定会在实践中不断总结经验，修改完善，加入新内容。

这本《〈城市居住区规划设计标准〉解读》（以下简称《解读》）的出版得到了很多人的支持和帮助，在这里要一并感谢。感谢住房和城乡建设部相关领导和部门特别是城乡规划标准化技术委员会的大力支持；感谢中国城市规划设计研究院王静霞老院长、李晓江院长、杨保军院长、王凯院长、汪科副院长以及相关部门特别是标准办公室的帮助；感谢院外许多机构、专家、领导提出的宝贵意见和支持，包括能源基金会在前期研究、解读、翻译中的支持，毛其智老师、张播老师的贡献等，请原谅这里无法一一列举；感谢出版社的大力支持；感谢宣贯主办、承办单位，更要感谢五湖四海的学员们；特别感谢戴月、官大雨两位老总，他们对《解读》一书提出了很多宝贵的意见；值得一提的是《解读》中大部分精彩插图都是陈应梦先生利用业余时间手工描画的，向他致谢；另外，要特别感谢《标准》的参编单位：中国建筑设计研究院有限公司、北京市城市规划设计研究院、同济大学、清华大学、中国中建设计集团有限公司，以及调研支持单位：住房和城乡建设部标准定额研究所；最后，当然要感谢的是编制组自己，这个温暖的集体永远值得怀念，就以这本《解读》做个见证吧！

图书在版编目（CIP）数据

《城市居住区规划设计标准》解读 =
Interpretation of《Standard for urban residential
area planning and design》/ 鹿勤，蒋朝晖，魏维编
著．—北京：中国建筑工业出版社，2021.1
ISBN 978-7-112-25713-3

Ⅰ.①城… Ⅱ.①鹿… ②蒋… ③魏… Ⅲ.①居住区
—城市规划—设计标准 Ⅳ.①TU984.12

中国版本图书馆CIP数据核字（2020）第243947号

责任编辑：田立平　焦　扬
责任校对：王　烨

《城市居住区规划设计标准》解读
Interpretation of《Standard for urban residential area planning and design》
鹿勤　蒋朝晖　魏维　编著
*
中国建筑工业出版社出版、发行（北京海淀三里河路9号）
各地新华书店、建筑书店经销
北京锋尚制版有限公司制版
北京富诚彩色印刷有限公司印刷
*
开本：880毫米×1230毫米　1/12　印张：15⅔　字数：233千字
2022年1月第一版　　2022年1月第一次印刷
定价：136.00元
ISBN 978-7-112-25713-3
（36749）